FARMING
农业种植系列读物
杨英茹 车艳芳 编著

U0297801

现代农业
生产技术

河北科学技术出版社

图书在版编目(CIP)数据

现代农业生产技术 / 杨英茹,车艳芳编著. -- 石家庄:河北科学技术出版社,2013.12(2023.1重印)

ISBN 978-7-5375-6567-7

Ⅰ.①现… Ⅱ.①杨… ②车… Ⅲ.①现代农业-农业技术 Ⅳ.①S

中国版本图书馆 CIP 数据核字(2013)第 268965 号

现代农业生产技术

杨英茹　车艳芳　编著

出版发行	河北科学技术出版社
地　　址	石家庄市友谊北大街 330 号(邮编:050061)
印　　刷	三河市南阳印刷有限公司
开　　本	910×1280　1/32
印　　张	7
字　　数	140 千
版　　次	2014 年 2 月第 1 版
	2023 年 1 月第 2 次印刷
定　　价	25.80 元

Preface ☞ 序

　　推进社会主义新农村建设，是统筹城乡发展、构建和谐社会的重要部署，是加强农业生产、繁荣农村经济、富裕农民的重大举措。

　　那么，如何推进社会主义新农村建设？科技兴农是关键。现阶段，随着市场经济的发展和党的各项惠农政策的实施，广大农民的科技意识进一步增强，农民学科技、用科技的积极性空前高涨，科技致富已经成为我国农村发展的一种必然趋势。

　　当前科技发展日新月异，各项技术发展均取得了一定成绩，但因为技术复杂，又缺少管理人才和资金的投入等因素，致使许多农民朋友未能很好地掌握利用各种资源和技术，针对这种现状，多名专家精心编写了这套系列图书，为农民朋友们提供科学、先进、全面、实用、简易的致富新技术，让他们一看就懂，一学就会。

　　本系列图书内容丰富、技术先进，着重介绍了种植、养殖、职业技能中的主要管理环节、关键性技术和经验方法。本系列图书贴近农业生产、贴近农村生活、贴近农民需要，全面、系统、分类阐述农业先进实用技术，是广大农民朋友脱贫致富的好帮手！

中国农业大学教授、农业规划科学研究所所长
设施农业研究中心主任 张天柱

2013年11月

Foreword 👉 前言

农业是国民经济的基础，是国家稳定的基石。党中央和国务院一贯重视农业的发展，把农业放在经济工作的首位。而发展农业生产，繁荣农村经济，必须依靠科技进步。为此，我们编写了这套系列图书，帮助农民发家致富，为科技兴农再做贡献。

本系列图书涵盖了种植业、养殖业、加工和服务业，门类齐全，技术方法先进，专业知识权威，既有种植、养殖新技术，又有致富新门路、职业技能训练等方方面面，科学性与实用性相结合，可操作性强，图文并茂，让农民朋友们轻轻松松地奔向致富路；同时培养造就有文化、懂技术、会经营的新型农民，增加农民收入，提升农民综合素质，推进社会主义新农村建设。

本系列图书的出版得到了中国农业产业经济发展协会高级顾问祁荣祥将军，中国农业大学教授、农业规划科学研究所所长、设施农业研究中心主任张天柱，中国农业大学动物科技学院教授、国家资深畜牧专家曹兵海，农业部课题专家组首席专家、内蒙古农业大学科技产业处处长张海明，山东农业大学林学院院长牟志美，中国农业大学副教授、团中央青农部农业专家张浩等有关领导、专家的热忱帮助，在此谨表谢意！

在本系列图书编写过程中，我们参考和引用了一些专家的文献资料，由于种种原因，未能与原作者取得联系，在此谨致深深的歉意。敬请原作者见到本书后及时与我们联系（联系邮箱：tengfeiwenhua@ sina. com），以便我们按国家有关规定支付稿酬并赠送样书。

由于我们水平所限，书中难免有不妥或错误之处，敬请读者朋友们指正！

编　者

CONTENTS
目 录

第一章 现代农业生产技术基本知识

第二章 现代蔬菜种植技术

第三章　现代粮谷种植技术

第四章　现代果品种植技术

第五章 现代农业贮藏技术

第六章 稻谷和小麦的加工技术

第七章 现代农业机械使用技术

第一章

现代农业生产技术基本知识

第一节　农业现代化及农业产业化

一、现代农业

相对于传统的农业生产而言，现代农业是指科学运用现代科学技术、工业生产资料，用科学方法进行的社会化农业生产。现代农业发展的目标是保障农业产品的供给，增加广大农民的收入。它是在现代科技和装备的基础上，以资源生产和商品化为途径，以家庭经营为基础，依靠市场的调节和政府的支持而形成的农工贸结合，产加销结合的多元化产业体系。

从我国农业的水平划分来看，现代农业是农业发展的最新阶段，出现了许多新的特征：建立在自然科学基础上的农业科学技术推广；农业生产技术由经验化转为科学化；农业科学技术，如土壤改良、育种、栽培等现代技术的发展。我们可以进一步把现代农业的本质概括为：现代农业是用现代工业装备的，用现代科学技术武装的，用现代组织管理方法来经营的社会化、商品化农业，是国民经济中具有较强竞争力的现代产业。

二、农业现代化

与现代农业不同，农业现代化是一个过程，是一个用现代工业装备农业，用现代科学技术改造农业，用现代管理方法管理农业，用先进的科学文化知识提高农民素质的过程。农业现代化要求建立高产优质的农业产业体系，提高农业生产的经济效益、社会效益和生态效益。农业现代化主要包括四个要点，即农业机械化、农业化学化、农业水利化和农业电气化，而其中又以农业机械化为重点。运用先进的农业生产设备代替手工劳动，进行农业产前、产中、产后各环节的工作，从而进一步解放劳动力。

三、农业产业化

农业产业化是指农业生产单位或生产地区，根据自然条件和社会经济条件的特点，以市场为导向，以农户为基础，以龙头企业或合作经济组织为依托，以经济效益为中心，以系列化服务为手段，通过实现种养加、产供销、农工商一条龙综合经营，将农业再生产过程的产前、产中、产后诸环节联结为一个完整的产业系统的过程。农业产业化和农业现代化的关系密切，二者互相促进。农业产业化促进了农业专业化和规模经营的发展，农业的规模化和专业化又可以进一步促进先进的农业技术的应用和设备的推广，有利于推进农业现代化的过程。农业产业化主要包括以下几个要点：确定主导产业，合理区域布局，依托龙头带动，发展规模化经营，形成市场、龙头、基地、农户的四维产销体系。目前我国农业产业化的主要类型包括：龙头企业带动型、市场连接型、农科教结合型、专业协会带动型。

第二节　现代农业基本类型

一、绿色农业

绿色农业是指将农业生产和环境保护协调起来，在促进农业发展、增加农户收入的同时保护环境、保证农产品的绿色无污染的农业发展类型。绿色农业涉及生态物质循环、农业生物学技术、营养物综合管理技术、轮耕技术等多个方面，是一个涉及面很广的综合概念。

二、物理农业

物理农业是现代物理技术和农业生产的有机结合，主要是用电、声、光、热、核、磁等具有生物效能的物理因子来控制动植物的生长发育，促使农业生产逐渐摆脱对化学农药、化学肥料、抗生素等化学物品的依赖，保证农业生产的高产、优质、高效发展。决定物理农业产业性质的因素，包括对机械电子技术有较大影响的物理植保技术和物理增产技术，以及它可以为社会提供的安全的农产品这两个方面。和传统的农业相比，物理农业是一种投入和产出都很多的设备型、设施型、工艺型的农业产业，这种农业的核心就是环境安全型农业，包括环境安全型温室、环境安全型畜禽舍、环境安全型菇房等。

三、休闲农业

休闲农业是一种农业和旅游度假相结合的综合型农业类型。它主要是利用农村的设备和空间、农业生产场地以及农业自然和人文环境资源，经过合理的规划设计，发挥农业与农村的休闲和旅游度假功能。游客可以观光、采摘果实，体验农业生产和生活，享受乡间生活的情趣。这是一种可以同时提高经济效益和增加农民收入的新型农业类型。

四、工厂化农业

工厂化农业是一种高度脱离自然环境的农业发展方式，它通过运用新的设备、高科技和新式管理技术来发展高密度的机械化和自动化生产。工厂化农业主要是在人工环境中全过程连续作业，受自然的束缚小。

五、特色农业

特色农业就是指利用区域内独特的农业资源来开发本区的特有名优产品的产销一体化农业。并不是所有的农产品都可以称为特色产品，只有那些深受消费者喜爱，在区内和区外市场上都占有绝对优势的产品，才可以称为特色产品。

六、观光农业

观光农业又称为绿色旅游农业和旅游农业，这是一种以农业和农村为载体的新型生态旅游。农民可以为客人提供一定的生活和游览设施，并通过自身的服务收取一定的费用，来提高自己的收入水平。观光旅游作为一种综合性的农业发展措施，除了简单的游览风景，还可以林间狩猎、水面垂钓、采摘果实等。

七、立体农业

立体农业又称为层状农业，这是一种主要致力于垂直空间资源开发的农业发展形式。立体农业模式很多，但都是以立体农业定义为出发点，通过对生物资源、自然资源和人类生产技能的合理利用，实现层次、物种、能量循环、物质转化等方面的优化发展。

八、订单农业

订单农业又称为签约农业和合同农业，最早出现于 20 世纪 90 年代。订单农业的核心是产销一体化，农产品购买者通过所在的乡村组织和购买者之间签订合同，按照购买者的要求组织农业生产，生产的商品全部卖给购买者。买卖双方通过签订契约的方式来实现产和销的供求平衡，保证市场的稳定。

第三节 现代农业发展阶段

进入 21 世纪以来，我国农业发展已经进入到加快传统农业改造，推进中国特色农业现代化发展的新阶段。社会和历史发展表明，我国农业生产的迅速发展，农业结构的调整和优化，农民收入的迅速增加，关键是要靠农业科技的发展和创新。我国各地的现代农业园区，作为农业技术组装集成、科技成果现代农业化的重要中转和推进机构，对于促进我国农业革命，完成旧式传统农业向新式现代化农业发展，具有举足轻重的影响和作用。

《2013—2017 年中国现代农业园区深度调研与投资战略分析报告》表明，我国近年农业园区用地规模不断增长，目前已经发展到 4000 多个，占地也达到 1180 公顷。但是，农业园区建设用地的规模不足，仅占农业用地总规模的 2%左右。为此，我国很多地区已经出台了相关措施来推动现代农业园区建设，提高农业创新和发展能力，推进我国农业更好更快地发展。现代农业发展阶段的划分并不是绝对的，前一个阶段和后一个阶段之间互相联系，具有继承和发展的关系。关于如何划分我国农业的发展阶段，我国农业部农村经济研究中心曾经制定了一个进行量化的阶段性标准。这个标准主要从农业外部条件、农业自身发展状况和农业生产效益等三大方面将其分为十项指标，分别是：第一，社会人均国内生产总值；第二，农村人均纯收入；第三，农业就业占社会就业比重；第四，科技进步贡献率；第五，农业机械化率；第六，从业人员初中以上文化程度比重；第七，农业劳均创造国内生产总值；第八，农业劳均生产农产品数量；第九，每公顷耕地创造国内生产总值；第十，森林覆盖率。前 3 项为农业外部条件指标，中间 3 项为农业生产本身条件指标，后 4 项为农业生产效果指标。随着社会的不断发展，农业现代化的标准也在不断发生变化，其具体标准也要做相应的改变，不能一成不变。

一、准备阶段

现代农业发展的准备阶段是传统农业向现代农业转变的过渡阶段，这个阶段开始有少量的现代因素进入农业系统，如农业生产投入量提高，土地产出和机械化、农产品商品化水平提高等。但是，这个阶段的农业科技利用率、农业管理水平和农民文化程度都还较低，仍处于农业发展的低级阶段。

二、起步阶段

起步阶段是农业现代化的特征开始显露的阶段，主要具有以下一些特性：现代物资投入快速增多；生产目标商品化；现代技术等对农业和农村发展的推动作用明显。

三、初步实现阶段

初步实现阶段是现代农业迅速发展的时期，表现出农业现代化水平提高，农业现代物资投入增多，农业劳动生存率提高。尽管这一时期仍然存在农业经济发展和环境等社会因素的不协调关系，但是此阶段已经初步具备了农业现代化的特征。

四、基本实现阶段

农业现代化实现阶段的现代农业特征十分鲜明，首先是现代物资投入水平的提高；其次是资金的作用增大，逐步开始替代劳动和土地的重要作用；农业生产已经适应工业化、商品化和信息化的需求；农业生产组织和农村整体水平与农村的整体发展处于十分适应的阶段。

五、发达阶段

发达阶段是现代农业发展的高级阶段，已经基本达到中等发达国家的现代农业水平。这一时期现代农业的发展水平、农村城镇化水平和农民自身的素质都相对较高，农村产业发展和社会、环境发展的关系协调，进入可持续发展的阶段，已经全面实现了农业现代化。

第二章

现代蔬菜
种植技术

第一节 白 菜

一、白菜品种选择

　　白菜的起源分为两种，一种认为是杂交起源，一种认为是分化起源。白菜品种经过后世不断的选择，产生了结球变种、半结球变种、散叶变种和花心变种。

　　虽然白菜的品种多样，但是结球变种是最主要的栽培品种，栽培面积很大。其他品种一般种植范围和面积都较小。如果仔细观察，就可以发现结球变种的顶生叶是抱合的，叶球的顶端是接近或完全闭合状态的，形成坚硬的叶球。结球品种本身又可以有很多的分类方法，比如可以按照生态型分为卵圆型、直筒型和平头型三种；按照球叶的特点分为叶数型和叶重型；按照栽培的具体季节分为春季品种、夏季品种和秋冬季品种；按照球叶颜色分为白帮型、青帮型以及青白帮型。

　　种植户在对白菜品种进行选择的时候，要注意考虑当地的气候条件，除此之外，消费者的消费习惯也是一个重要的因素。

（一）春季品种

　　一般来说，春季白菜品种生长期短，成熟时间早，不易抽薹，前期耐低温，后期对高温的适应性强，很适合在南方春季栽培；较为耐热，耐涝，高温不影响结球的品种适合在南方夏季栽培；而耐热，抗病毒能力强，生长期短的品种更加适合在南方秋季栽培。

1. 鲁春白1号　鲁春白1号是由山东省农业科技研究所培育而成的一种杂交白菜品种。这种白菜的植株约高40.4厘米，开展度约58.2厘米。叶片颜色较深，叶柄浅绿，叶面褶皱。叶球抱合，浅黄色球，球高约2.5厘米，直径15.5厘米，球顶较尖，单株重2.4~3千克。该品种的冬性较强，不容易抽薹，生长期较短，成熟早，高抗病，品质好，一般60天就可以收获叶球。这种品种的适宜地区有江苏南部、山东、四川、贵州、云南、广东、广西等地，可以作为春季白菜种植，也可以作为秋季早熟品种栽培。

2. 94-1　94-1是由山东省农业科学院蔬菜研究所培育出的一种春季白菜杂交品种。这种品种的冬性较强，成熟期早，一般温室种植50天就可以收获。在结球期具有很强的耐热性，此时结的球十分紧实，叶子不容易散开。球叶一般形如炮弹，单株重为1.5~2千克。该品种的质地细腻，纤维含量很少，有时也可以生食。另外，这也是一种高抗品种，对软腐病、霜霉病和病毒病的抵抗力很强。

3. 春大将　春大将白菜是由日本米可多种苗公司选育的杂交品种。菜叶呈绿色，叶球合抱，状如炮弹。一般叶球高约为30厘米，球径约20厘米，着生叶片约55片，单球重约3千克。该品种生长迅速，一般定植之后60~65天就可以采收，属于中熟的白菜品种。这种品种的抗低温性也很好，一般短期低温并不会使花芽分化，对白斑病、黑斑病、病毒病的抵抗性都较强。

(二) 夏季品种

1. 白沙02号　白沙02号是由02A自交不亲和系和01B自交系配制而成的杂交新品种，是广东省夏季栽培面积广泛的优良白菜品种。该品种早熟，对高温的适应性好，即使是在 34℃ 的高温天气下仍然可以生长。一般夏季种植的生育期为 45~50 天，亩产为 1800~2000 千克。

2. 夏抗 55 夏抗 55 是由引进的国外品种分离选育而成的新一代杂交品种，全生长期约为 55 天，植株较为耐热，可以在高温下正常生长。净菜产量高，抗软腐病和病毒病，一般亩产约 3026 千克，十分适合在长江流域和西南地区种植。

3. 早熟 5 号 早熟 5 号是由浙江省农业科学院选育而成的新一代杂交品种。一般叶色深绿，叶片较厚，叶面褶皱，不长茸毛。叶长为 36 厘米左右，宽度约 36 厘米。白色叶球，顶圆形，叠抱状。叶球高约 25 厘米，呈短筒状，横径约为 15.5 厘米。一般植株株型较小，但是直立性好，高度约 31 厘米，开展度约为 45 厘米×40 厘米。叶球十分结实，着生叶片约 23 片，单球重约 1.3 千克，净菜率高达 70%。该品种耐热、耐湿，成熟时间早，在平均温度 20~25℃ 的范围内可以结球；高抗病虫害，对炭疽病、霜霉病、病毒病的抵抗性较好。该品种由于纤维含量少，所以吃起来口感很好。

(三) 秋冬品种

1. 鲁白 1 号 鲁白 1 号是由山东省农业科学院蔬菜研究所培育的中熟杂交品种。植株高约 48 厘米，开展度约为 74 厘米，绿色，外侧的叶片平而薄，叶柄白色，叶球呈倒锥形，多为叠抱，颜色较深，一般单球重 3.5~4.5 千克，单株重约 6.5 千克，每亩约产 5000 千克。该品种生长期 75~80 天，高抗霜霉病，品质优秀，适合作为中晚熟品种栽培。适合的栽培地区一般有湖北、江苏、河南、四川、云南、安徽、陕西、江西、广东等地。

2. 山东 4 号　山东 4 号是由山东省农业科学院蔬菜研究所培育而成的新一代杂交品种。植株高约 45 厘米，开展度约 80 厘米，植株整体呈淡绿色，着生外叶 8~10 片，叶柄白色，叶面平整。叶球呈倒锥形叠抱，顶白色、平圆、球心多闭合，高度为 33~37 厘米，横径为 29~31 厘米，单球重 6~7 千克。该品种白菜的适应性较强，一般对霜霉病和软腐病的抵抗力较强，但是对病毒和霜冻的抵抗力较弱。从播种到收获，一般生长期约为 90 天，适合作为晚熟大白菜栽培，适宜的栽培地区包括山东、宁夏、江苏、安徽、陕西等地。

3. 晋菜 3 号　晋菜 3 号是由山西省农业科学院蔬菜研究所培育而成的白菜品种。植株高约 55 厘米左右，开展度小，叶色深绿，叶柄浅绿色，叶球内部为浅绿色，外呈圆筒形，一般包心较紧，球高约为 45 厘米，基部横径约 14 厘米，单球重约 250 克，纤维少，灌心速度快，对水分和肥料要求较低，属于连心状优质白菜。这种白菜的生长期约为 80 天，属于中晚熟的蔬菜品种，亩产可达 5000 千克，适合在贵州、四川、广东和云南等地栽培，但是冬季不可以种植。

二、白菜的种植技术

（一）春季白菜种植技术

南方反季白菜种植的主要季节是春季和夏季。一般长江流域地区的温室在 1~3 月份播种，到 4~6 月份采收。广东地区露地栽培可以在早春 1 月播种，3 月中旬开始采收。夏秋季白菜则都在 6~7 月播种，在 8~9 月采收。

白菜生长具有自身独特的生长习性，一般在生长前期需要较高的温度，而在后期则适合在温和冷凉的环境下生活。春季栽培白菜历经春夏之交，只有很短的时间温度处于 10~22℃，其他时间的气候变化都很大，难以为白菜的生长提供合适的环境条件，所以春季白菜种植容易出现很多问题，主要包括：

（1）先期抽薹而不易结球 白菜种子萌动后，只要外界温度保持在 10℃以上足够的时间，则无论其他时间如何，都可以完成春化。白菜生长后期气温升高，日照时间加长，正适合白菜的生长，促进抽薹和叶球的形成。但是，如果春季播种时间太早，低温持续的时间过长，就会导致白菜先期抽薹而不易结球。

（2）包心不实或不包心 如果栽培时没有进行品种选择，或者种植了不适合的白菜品种，在白菜包心期遭遇较高的温度，就会因为同化作用减弱而影响白菜包心，造成包心不实或不包心。

（3）病虫害较严重 春播白菜在生长后期温度升高，雨水增多，这都影响白菜的生长发育。而且这时正值白菜的莲座期，开始结球，多雨的气候条件容易导致田间湿度过大，增大病虫害发生的概率。常见的病虫害有霜霉病、软腐病、菜青虫、蚜虫等。如果发病的同时再逢白菜腐烂，就会导致减产和品质下降。

（二）夏季大白菜栽培技术

夏季大白菜主要是在春白菜和秋白菜栽培间隙上市，利用栽培空季来取得较好的经济效益。

盛夏季节天气炎热，过高的温度会抑制白菜的生长发育，但是此时正逢春白菜下季，秋白菜没有成熟的季节，种植夏季白菜可以满足市场对淡季白菜的需求，获得很高的经济效益。平原地区夏季白菜种植的要点是要减少高温天气对白菜生长的影响。夏季用遮阳网生产大白菜，或者在大棚和中小棚上遮盖银灰色的遮阳网，都可以为白菜的生长创造出较为适宜的生长条件，生产出优质白菜。

1. 品种选择　夏季白菜种植必须选择生长期短，抗病、耐热，生长速度快的早熟品种，常见的有夏丰、夏阳白等。

2. 茬口选择　白菜种植的土壤以沙壤土最佳，茬口选择上则小麦、玉米、瓜、豆、蒜、葱等都可以。值得注意的是，葱和蒜的根系分泌物对白菜软腐病病菌具有很好的抑制作用，所以最好是选用这两种茬口。另外，在与玉米和小麦连作的时候，要多施用一些农家肥。

3. 适期播种　夏季白菜的生长时期较短，生长速度快，冬性弱，一般适合的播种期在5~8月，具体的时间可以根据预计的上市时间来确定。一般安徽和江苏地区在5月中下旬到8月中旬播种；江西、湖北、湖南、四川等地在5~8月份播种，华南地区一年播种2~3季。但是值得注意的是，如果本区的昼夜温度变化较大，或者某年气温较往年偏低，就要防止过早播种。

4. 育苗　夏季白菜播种可以采用直播和育苗移栽的方式，但是育苗的方法可以更好地保证秧苗齐全，但是要注意采取一定的降温和防晒措施，保证秧苗苗壮生长。

（1）直播　挑选没有种过同类蔬菜的土壤，然后每亩施用腐熟的堆肥2000千克，做成宽度为1.1米的高畦或平畦。按照30厘米×40厘米的行距播种，或者按照每穴3~5粒的方式穴播。播种密度为每亩4000~5000株，在植株长到5~6片真叶的时候，每穴留下2~3株壮苗，其他的间除。在植株长到8~9片真叶的时候定苗，每穴只选留1株苗，缺苗的地块可以带土移栽。

（2）苗床育苗

①苗床准备。苗床育苗首先要选择当年没有种过同科蔬菜的土壤，尽可能减轻病虫害的发生。园土要土壤肥沃，排灌方便，然后在播种前15天深耕土地，暴晒苗床。每平方米施用腐熟的农家肥5

千克，草木灰 100~200 克，氮磷钾复合肥 40~50 克。然后把肥料充分混合后把入土壤中。

②播种。育苗移栽一般都需要 3~4 天的时间来缓苗，所以一般要提前 3~4 天进行播种。播种的时候可以将苗床轻轻压平，浇入足量的水，然后把种子均匀地撒在渗入水分的苗床内，上面覆盖 1 厘米厚的土壤。一般每平方米的苗床播种量为 2~3 克，每亩栽培地的苗床用地为 30~50 厘米，种子用量为 130~150 克。

③苗期管理。夏季栽培白菜时，可以在播种后把遮阳网覆盖在上面，降温保湿。常见的夏季育苗覆盖方式包括遮阳网覆盖、网膜双层覆盖、多层覆盖、防雨棚等。露地栽培育苗的时候，还可以搭棚遮阳或覆盖遮阳网。下雨的时候还要再盖一层塑料薄膜防雨。一般网膜双层覆盖大多用于大棚育苗，一般是先在顶部覆盖塑料薄膜防雨，然后再盖一层遮阳。双层覆盖的方式明显地要比单层覆盖的作用更加显著。多层覆盖则是指在大棚上遮盖多层遮阳网和无纺布，多层覆盖的降温效果更好。苗期管理的关键是保证土壤具有合适幼苗出土的湿度，这是保齐苗的关键。

（3）营养钵（杯、盘）育苗 白菜营养钵育苗一般要用营养钵，72 穴的育苗盘，或者普通的育苗盘。在用营养钵育大白菜的时候，可以挑选一些直径较大的钵体，一般以 8~10 厘米为宜。直径大的钵体可以保证白菜生长发育的空间要求，而且在移栽的时候减少了对其根系的伤害，对防止病虫害和保证幼苗的健康发育具有一定作用。另外用营养钵育苗的时候，一般最好在大棚内进行，这样可以利用大棚良好的遮阴和防雨作用，保证育苗的质量。播种时，先将种子播入装有营养土的钵内，每钵撒入 2~3 粒种子，然后用细土把种子盖住，播种后 4 天左右钵中幼苗已经长齐。到秧苗 2 叶 1 心的时候间苗，每穴留 1 株长势旺盛的幼苗，然后浇入少量的水。同时按照 0.5% 的标准追施尿素 1~2 次。当然，也可以先在苗床上育苗，等秧苗长到一定程度后再移栽到营养钵中，合适的移栽时间是播种后 20 天、秧苗 3~4 片真叶的时候。

（4）营养钵（杯）育苗应注意的问题

第一，充足的水分供应。夏季和秋季育苗栽培时，一般都会在棚室遮盖顶膜，这就影响秧苗对水分的摄取，所以就要人工浇水。人工浇水可缓解棚室内高温和蒸发所散失的水分，保证土壤湿度，为秧苗的生长提供一定的水分条件。除了人工浇水，在高温天气适时遮盖遮阳网，可以很好地减少水分蒸发，降低秧苗需水量。

第二，防止出现苗床干燥和土壤板结状况。秧苗出土之前，在床面上覆盖遮阳网，可以同时提高苗床湿度和降低土壤温度，避免出现土壤板结状况。但是，当大多数的幼苗破土而出之后，就要及时地揭去浮面覆盖，防止出现幼苗徒长或高脚苗。

第三，适时遮盖遮阳网。秧苗育苗方式不同，生长时期不同，遮阳网的具体遮盖时间也就不同。一般在幼苗出土前要每天都覆盖遮阳网，出土后到 2 叶 1 心期，覆盖时间为晴天上午 9 时到下午 5 时；移植到营养钵中的小苗，缓苗期要全天覆盖，缓苗期后覆盖时间为上午 10 点到下午 4 点，时间安排同直播幼苗 2 叶 1 心期管理。随着幼苗逐渐长大，就要逐渐缩短遮阳网的覆盖时间，不断地锻炼幼苗，使其适应外界生长环境，然后移栽到大田中去。

第四，病虫害危害较重的区域，可以用防虫网代替遮阳网，起到一定的防治害虫的功效。防治菜青虫和蚜虫时可以用银灰色的避蚜虫网和防虫网代替遮阳网。如果是地下害虫严重，就要用毒土法进行防治。

5. 创造适宜的环境条件　虽然近年来培育出了很多高抗的白菜品种，可以抵抗 35~37℃的高温，但是南方地区大部分气温可以高达 38℃以上，如果不采取必要的防护措施，很容易灼伤幼苗，影响秧苗的生长。所以夏季栽培白菜一般都会采取一些人工措施，为其生长创造适宜的环境条件。

（1）栽培措施　合理密植，利用植株间的相互遮蔽来降低温度。或者也可以套作栽培，套作一些立架葡萄或架豆来遮阴。在水分不足或缺雨地区可以采用灌水的方式来降低地表温度。

（2）利用遮阳网覆盖　在植株生长前期覆盖黑色遮阳网，可以起到很好的降温作用，尤其是以平棚栽培的降温效果最为明显，一般可以达到8~9℃。但是此法不适合在植株生长后期使用，否则会导致植株光照不足，影响其成熟和产量的提高。

6. 定植　在秧苗的叶片达到4~5片，苗龄为18~20天后，就可以定植了。定植时要选择合适的时间，一般在晴天下午4点以后或是阴天进行。移栽之前也要做好相关的准备工作，在移栽前1~2天移动育苗盘，前1天浇水。上午浇水之后，下午4点以后就可以起苗了。带土移栽的时候一定要轻铲轻放，平稳地运苗，保证土坨完整，尽量减少对根系的损伤，缩短缓苗时间。移栽之前要先挖好穴，一般畦宽1.2米包沟者，每畦栽2行，株距控制在25~30厘米；畦宽15米包沟者，每畦栽3行，株距控制在30厘米。移栽时要控制好移栽的深度，一般平菜畦要使秧苗高度略高于畦面，防止后期浇水时淹没菜心。高畦的根部营养土块和畦面持平就可以了。无论是哪种菜畦类型，移栽之后都要及时地用细土压紧秧苗的周围，浇入定根水。天气晴朗的时候要覆盖遮阳网，降低棚内的温度和光照强度，促进秧苗成活。出苗不齐的可以带土移栽补苗。秧苗缓苗之后就要逐渐缩短遮盖时间，锻炼秧苗，使其适应外界的环境条件。

7. 中耕除草　夏季气候潮湿，十分有利于杂草的生长，栽培白菜的时候要及时中耕除草，减少土壤中水分和养分的流失和损耗，一般封垄之前都要中耕几次。这样可以促进有机养分的分解，促进白菜的生长发育。但是中耕时一定要保护好白菜根系，防止伤根，影响植株生长。

8. 肥水管理 夏季白菜栽培对肥水的需求较多，肥水管理要根据其生长发育状况进行，适应其外叶生长速度慢、生长期短的特点。整个生长期的肥水管理要以促为主，施肥以一次性基肥为主，每天早晚各浇水 1 次，加快外叶的生长速度，缩短作物的生长期。追肥一般要早施、薄施、勤施，每 4~5 天就施用 1 次。前期可以用稀释后的腐熟粪肥穴浇，中期和后期则可以每亩施用 20 千克尿素，分 2~3 次施用。当然，喷施叶面宝和绿芬威的效果更佳。追肥的同时也要注意水分配合，一般每隔 5~7 天就要浇水 1 次，保证土壤的湿润度。

三、白菜主要病害防治

（一）病毒病

病毒病又称为抽风病，通常主要危害白菜、萝卜、甘蓝等各种十字花科作物。病毒病的发病历史比较悠久，近几年来危害较为严重，经过科学鉴定，此病的染病病毒类型多样，最常见的是芜菁花叶病毒，其次是烟草花叶病毒和黄瓜花叶病毒。

1. 症状 这种病多发于幼苗期的植株，一般连续干旱、蚜虫多的年份发病较重。发病初期植株的心叶产生斑点，然后叶片开始褪绿，出现淡绿和浓绿相间的花叶。叶脉上出现褐色的坏死斑点和条斑，幼苗僵缩和变形。早发病的植株基本停止生长，无法包心，发病晚的植株生长缓慢，可以包心，但是叶片可见褐色的条斑和坏色斑点。感病植株的根系不发达，根部切面出现黄褐色斑点。

2. **发病条件**　病毒病主要是由病毒感染侵袭引起的。这类病毒可以在种子间、病株残体或多年生的杂草里越冬，有的在保护地内越冬。下一年在气候适宜的时候就又恢复生长，通过接触或蚜虫等多种方式进行传播。一般来说，气候干旱、温度过高，都有利于此病的发生。如果重茬种植，土壤肥料不足，作物长势不旺的情况下也会容易发病。一般菜心在幼苗期染病较多，莲座期之后对病毒的抵抗力增强，另外，不同的栽培品种对病毒病的抵抗力也各不相同。

3. **防治方法**

（1）**农业防治**　栽培时选择无病的优良品种，收获时挑选无病的优秀种株。在白菜收获的时候，严格挑选没有受到病毒侵染的种株，这就可以有效减少下一年种植时的带病种子数量，减少潜伏病原。在栽培地选择上，合理安排种植的茬口，避免与十字花科作物连作轮作，减少传毒。日常田间管理的时候，要适时中耕除草，减少杂草危害。加强生长期的肥水管理，定期施用磷钾配合肥和农家肥，促进植株健康生长。定期浇水，防止田地干旱，生长不良。在秧苗选择上要严格挑选标准，只留壮苗。

（2）**药剂防治**　秧苗处在苗期时，病毒病极其容易发生，要定时做好喷药防治工作。一般在幼苗长到3~5片叶时就要喷药防治蚜虫，消灭病毒传播源。可以选用的药剂很多，包括83增抗剂原液的10倍液，20%病毒净400~600倍液，高脂膜200~500倍液，病毒灵（吗啉胍）500倍液，抗毒剂1号300~400倍液等。以上药剂，苗期都是每隔7~10天喷药1次，连续喷洒3~4次，但是每次只喷洒一种药剂。当秧苗发病之后，用抗霉剂1号200~300倍液，每隔7~10天喷施1次，喷洒4~5次。

（二）霜霉病

霜霉病又称为跑马干病、烘病，是一种主要危害白菜、甘蓝、萝卜等十字花科蔬菜的疾病。本病发生面积十分广泛，全国各地均有发生，危害较为严重。

1. **症状** 霜霉病一般在 9 月下旬开始发生，10~11 月受高温影响发病严重，主要对花梗、种荚和绿色叶片产生侵染。受害的叶片开始出现水渍状的小块斑点，之后逐渐扩大，并且颜色也由淡绿色转为黄色或黄褐色，形成不规则的或多角形的病斑，在病叶的背面长出白色的霜状霉层。一般在早晨露水未干时，雨后、雾后更容易见到。发病严重的时候，花梗和种荚都受到危害，叶片颜色由黄转为干枯，白色的霉密生，籽粒生长发育受到不同程度的影响。

2. **发病条件** 霜霉病属于真菌病害，病菌的残体可以在土壤中或母株上越冬，第二年再借助风雨进行传播和侵染。此病的最佳发病时期为 16~20℃ 的气候条件，一般遇到多雨、多露水，光照不足的时候容易迅速传播，发病严重。另外，除了自然气候的影响，不合理的耕作和栽培方法也会导致植株严重发病，通常包括低洼地、通风不良、连作、重茬、营养不良、生长衰弱等。而且霜霉病的发生和病毒病具有一定的内在联系，一般病毒病发生严重时，霜霉病也发病较重。

3. **防治方法**

（1）**农业防治** 栽培时选用抗病品种，并在播种前进行种子消毒。可以用种子重量的 0.3% 的 25% 瑞毒霉、50% 的福美双，或 75% 的百菌清拌种，消灭掉种子表面的病菌。播种的时候，选用适宜的播种和耕作制度，注意与十字花科作物要隔年轮作，不要相邻种植，防止感染。秋冬季栽培时，要避开高温和多雨季节，适当推迟播种时期。田间管理的间苗过程中要及时拔除弱苗，适时中耕培土，保证充足的水肥供应，多使用农家肥和磷钾复合肥。秋季收获后，要及时清洁田地，深翻土壤，减少来年虫源。

（2）药剂防治 植株初期发病时，首先要清除染病的植株，防止交叉感染。并且及时使用药剂喷洒，常见的药剂有 30%氧氯化铜 600~800 倍液，64%杀毒矾 M8 的 500 倍液，25%甲霜灵 800 倍液，58%瑞毒霉锰锌可湿性粉剂 500 倍液，50%多菌灵 800 倍液，或 72.2%普力克 600~1000 倍液，大生 M-45 的 400~600 倍液，25%瑞毒霉 800 倍液，72%克露可湿性粉剂 750 倍液等。以上药剂可以轮流交替使用，也可以只使用一种，但要喷施 3~4 次，喷药间隔控制在 7~10 天。

（三）软腐病

软腐病在小白菜、芹菜、大白菜、萝卜和甘蓝等作物植株发病严重，尤其是多发于夏秋季节的大白菜和作为小白菜栽培的大白菜，一般发病严重，需要及时治疗。

1. 症状 软腐病多发于植株生长后期，一般温度高的年份发病严重，白菜发生软腐病多在包心期，发病初期白菜的短缩茎上或菜帮基部会出现水渍状病斑，大多从外向内扩展和蔓延，一般初期阶段，外叶中午萎缩，但是早晚尚可以恢复原形；病情发展严重后，外叶出现下垂，叶球向外裸露，基部出现腐烂，散发出阵阵恶臭气，严重的可以导致植株死亡。如果发病期正值气候干燥的时期，那么有时可以看到发病组织失水变干，呈薄纸状。

2. 发病条件 软腐病是细菌性病害，一般由细菌侵染导致发病。该病在我国南方地区，特别是设施栽培的条件下，全年都会发病。病菌主要通过灌溉、施肥和雨水等途径进行传播，从昆虫咬伤和机械损伤部位侵入。植株发病的原因多样，主要表现在气候方面，如外界气温保持在 15~20℃，高温、多雨，光照不足的气候条件；

植株抗病能力方面，如植株生长衰弱，其他病害多发，品种疾病抵抗力弱等；栽培制度方面，如连作，管理粗放，平畦栽培等。

3. 防治方法

（1）农业防治　栽培时选择抗病的植株品种，避免与十字花科和茄科、瓜类作物连作，但是可以与豆类和禾本科作物等不易染病的作物轮作。土壤的选择上，要选择地势高燥的田地，避免低洼地、潮湿地、黏重地。应用高畦和高垄栽培，保证充足的水肥供应，增施腐熟的农家肥，下雨时及时排水，防止发生田地内涝。大棚种植时要及时通风透光，防止棚内过分潮湿，引发疾病。同时，当发现带病的植株时，要及时拔除，带出田地外处理，可以采用深埋和烧毁的方式，并在病穴撒适量石灰粉进行消毒。日常植株管理时要注意对植株的保护，防止机械损伤。在疾病的防治过程中，要尽可能消灭可以引起疾病的各种因素，比如各类传播害虫，如地老虎、蝼蛄、小菜蛾、菜螟等。同时，加强对病毒病和霜霉病的防治，也可以减少此病的发生。

（2）药剂防治　在播种之前，可以用菜丰宁 B1 拌种，每亩用量为 100 克，也可以用 50 毫升增产菌拌种，或者用种子重量 1.5% 的中生菌素拌种。药剂拌种可以起到很好地消灭种子和周围土壤中病菌的作用。在该病发病初期，可以施用 100~200 毫克/千克农用链霉素、新植霉素、氯霉素，农抗 120 的 150 倍液，或每亩用 70% 地可松 100 克对水 50 升喷雾。

（四）黑斑病

黑斑病又称为黑霉病，是一种主要危害十字花科蔬菜的疾病，此病发生年份可以导致减产二至三成，是白菜生产中危害较为严重的疾病之一。所以做好防治工作十分重要。

1. 症状　黑斑病的危害时期较长，白菜在幼苗期和成株期都可能会受害，从危害部位来看，一般都是危害叶片。受到侵染的叶片会出现近似圆形的暗褐色病斑，并有明显的同心轮纹。外围出现黄色的晕圈，扩大后稍微内陷，气候潮湿时表面出现黑色的霉状物。多雨的气候条件下，病斑的内部经常脱落穿孔，对叶柄、叶片、花梗和种荚等都可以产生危害。叶柄和种荚上的症状类似，都是梭形的暗褐色病斑，稍微内陷。当发病严重的时候，病叶颜色枯黄，叶柄出现腐烂现象，种荚又瘦又小，损害种子。

2. 发病条件 黑斑病属于真菌性病害，通常都是由真菌链格孢属中的芸薹链格孢菌侵染引起。病菌的分生孢子和菌丝体在种子和病株残体上越冬，第二年通过雨水进行传播，从植株的表皮或叶片气孔直接入侵产生危害。通常来说，植株的最适发病温度13~15℃，植株生长期内出现低温、高湿或多雾、多雨等气候条件时，都会加速疾病的发生。疾病高发期通常在初冬和晚秋之际，连作、早播、肥料缺乏以及植株生长不旺盛的地块也容易发病。

3. 防治方法

（1）农业防治 第一，选用适合本地区栽培的抗病品种。栽培小白菜可以选用小叶青、矮抗4号、矮抗5号等品种。栽培大白菜可以选用北京新1号、北京新3号、早熟7号、秦白3号、秦白4号、中白2号、蓉白4号、豫白菜3号、郑白10号、鲁白15号等。

第二，严格留种，防止种子带毒。留种时，一般都要挑选田地中无病无毒，生长旺盛的植株，并且单独收获和保存。但是，即使如此，仍然要用温汤浸种法对种子进行消毒，浸种时用50℃的温水浸泡约20分钟，其间要不断地加入热水，并连续不断地搅拌，保证种子受热均匀。最后要放入冷水中进行冷却，捞出晾干备用。除了使用温汤浸种法进行消毒，还可以用专用药剂进行消毒，一般用5%瑞毒霉可湿性粉剂，或种子重量0.4%的75%百菌清可湿性粉剂，或种子重量0.3%的50%多菌灵或福美双拌种消毒。

第三，栽培的时候，要定期轮作，一般只可以与非十字花科作物进行2年以上的轮作。另外，为了防病，要适当进行晚播，采用高垄和高畦栽培。

第四，加强田间管理。灌溉方面，前期要用小水，多次浇水，少量浇水，中后期要稳水，保证充足的水分供给，并且做好雨后防涝工作，防止田地积水。浇水的同时，也要配合施肥，一般要多施用一些磷肥、钾肥、微量元素肥料，足施农家肥。追肥要注意前重后轻，促进植株的根系发育，增强抗病能力。田间发现带病植株后要及时进行清理，带出田外去深埋或烧毁。

（2）药剂防治 为了减轻对植株的药害，一般发病初期不立即用药，只有当植株的下部叶片出现较多的病斑的时候，才用药剂进行防治。药剂的类型多样，可以选用40%灭菌丹
400倍液，70%代森锰锌500倍液，农抗120的100单位液，扑海因1000倍液，大生M-45的400～600倍液，或40%炭疽福美500倍液，或多抗霉素50单位。如果发病的同时伴随发生霜霉病，就要喷洒80%的乙膦铝锰锌可湿性粉剂500倍液，或72%的克露可湿性粉剂700倍液。以上药剂无论是单一施用还是交替施用，一般都要连续喷施3～4次，间隔时间为5～7天。

（五）白斑病

白斑病是一种主要对白菜、大白菜、萝卜、甘蓝等十字花科蔬菜产生影响的疾病，在我国的发病面积很大，其中东北和华北地区受害严重。

1. **症状** 白斑病是一种主要危害叶片的疾病，发病初期叶面出现灰褐色的细小斑点，之后逐渐扩大呈卵圆形或圆形，中间部分变成灰白色，并出现1~2道不太明显的轮纹，周围出现淡黄色的晕圈。空气湿度增大时，病斑的背部出现淡灰色的霉状物，并且逐渐转为白色、半透明的物质，容易穿孔破裂。当病斑发生较多时，病叶便会枯死，一般是外部叶片先发生，逐渐向内部蔓延。

2. **发病条件** 白斑病属于一种真菌类病害，病菌一般在种子或者植株上越冬，第二年春天气候适宜的时候就随风雨传播。白斑病发生的温度范围为5~28℃，适温为11~23℃。适于发病的空气相对湿度为60%以上。在湿度偏低、昼夜温差大、田间结露多、多雾、多雨的天气易发病。此外，如果栽培管理不佳，如播种太早、田地地势低洼、浇水太多、多年连作等因素都会导致病害的发生。另外，不同栽培品种的抗病性也存在一定的差异。

3. **防治方法**

（1）**农业防治** 选用抗病品种，与非十字花科作物实行2~3年的轮作。选用无病种株，防止种子带菌。带菌种子可用50℃温汤浸种，或把种子放在70℃的温度下处理2~3天，以消灭种子携带的病菌。在栽培和管理方面，适时晚播，尽量避开植株的发病时间和季节；多施用农家肥，配合施磷、钾肥，补充微量元素肥料。及时清除田间病株，减少病源。

（2）**药剂防治** 对初期发病的植株进行防治，可以使用的药物的种类较多，如50%霉锈净500倍液，或15%嗪胺灵300倍液，或40%混杀硫600倍液，或50%多菌灵800倍液，或大生M-45的400~600倍液。治疗中使用上述药物之一，或交替应用，每隔15天喷1次，连喷2~3次。

四、白菜主要虫害防治

可以对白菜产生危害的虫类较多，一般分为两类，一类对植株的叶片产生危害，一类对植株的幼苗产生危害。

（一）菜粉蝶

菜粉蝶又称白粉蝶、菜白蝶，幼虫称菜青虫。菜粉蝶属于鳞翅目粉蝶科，全国各地都有发生。寄主很多，有十字花科、菊科、百合科等各种植物，但主要危害白菜、甘蓝、萝卜等十字花科蔬菜。

1. 危害特点 菜粉蝶的幼虫可以对白菜产生较大的危害。通常来说，1~2龄的幼虫可以啃食白菜叶肉，啃食后只剩下一层透明的表皮；3龄以上的幼虫能蚕食整片叶片，严重时能把叶片吃光，只剩下叶脉和叶柄。该虫害可造成严重减产，而且使产品商品价值降低。另外，被菜粉蝶的幼虫危害后的植株上会产生许多伤口，降低了植株的抵抗力，更容易诱发软腐病等病害。

近年来，菜粉蝶已由春秋两季危害发展到蔬菜整个生长季猖獗危害的程度。由于产卵量大，幼虫发生稠密，使蔬菜受害越来越严重，成为最主要的蔬菜害虫。

2. 防治方法

（1）农业防治 白菜收获之后要做好病害防除工作，首先要及时地清除田地的染病植株和叶片，然后要深翻土地，消灭虫蛹，减少田间害虫密度。春季栽培时，尽量利用早熟品种，提早播种，进行地膜覆盖，提早收获，争取在菜青虫幼虫危害盛期开始前收获完。另外，害虫的天敌就是人类的朋友，常见的微红绒茧蜂、黄绒茧蜂、凤蝶金小蜂、广大腿蜂、长脚胡蜂、广赤眼蜂等都可以被利用。在使用农药时应注意保护这些天敌，并注意利用天敌灭虫。苗床用防虫网进行保护，防止害虫成虫在幼苗上产卵；也可以在蜜源植物的花上人工捕杀成虫，在菜上捕杀幼虫。

（2）药剂防治　利用喷施药剂的方式来防治害虫，主要是在害虫的幼虫期及时喷施。常用的药剂有 1.8% 的阿维菌素类（如虫螨光、爱福丁、爱力螨克）2000～3000 倍液，苏云金杆菌 1000～1500 倍液，90% 巴丹 1000 倍液，以及 10% 灭百可 2000～2500 倍液等。

（二）菜螟

菜螟是鳞翅目螟蛾科，在南方地区危害严重，主要危害对象包括甘蓝、白菜、花椰菜、萝卜等，其中对秋萝卜的危害最为严重。菜螟又称为钻心虫、萝卜螟、甘蓝螟、白菜螟、剜心虫等。

1. **危害特点**　幼虫吐丝结网取食心叶，使幼苗生长停滞，严重时幼苗将死亡。3 龄幼虫还可以从心叶向下钻蛀茎髓，形成隧道，甚至钻食根部，造成根部腐烂。

2. **发生条件**　菜螟的发生具有一定的规律性，它生长的最适空气相对湿度为 50%～60%，最适温度为 30～31℃，温度降至 20℃，湿度超过 75% 以上时，幼虫大量死亡。雌虫喜产卵在 3～5 片叶期幼苗的心叶上，较小或较大的苗产卵较少。因此，秋季蔬菜幼苗的 3～5 片叶期与产卵盛期是否相遇，是决定虫害发生严重程度的一个重要因素。另外，如果连作十字花科蔬菜，也会加剧虫害的发生。

3. **防治方法**

（1）农业防治　尽量避免十字花科蔬菜连作，中断害虫的食物供给时间。蔬菜收获后及时清园消毒，清除田间残株老叶、病叶，并深翻土地，消灭虫蛹，减少田间虫口密度。加强田间管理，适时浇水，提高田地的湿润度，迫使幼虫大量死亡，减少虫害源头。发现病苗后及时拔除，减少田间传染。

（2）药剂防治　菜螟是钻蛀性害虫，所以应在成虫盛期和幼虫孵化期进行喷药防治。所用药剂同菜粉蝶。

（三）菜蚜

菜蚜指的是所有对十字花科蔬菜产生危害的蚜虫，具体可以分为十多种，我国常见的一般有 3 种，分别是甘蓝蚜、萝卜蚜（菜缢管蚜）和桃蚜。桃蚜分布最广，全世界都有分布，我国几乎遍及全国；萝卜蚜各省份都有分布；甘蓝蚜在西北各地（如新疆、宁夏）、东北北部以及北方其他高纬度地区均有分布。

1. 危害特点　蚜虫的成虫和幼虫集中在十字花科蔬菜的嫩茎、叶背和幼苗植株上刺吸汁液，导致叶背变黄，甚至使植株整体死亡，白菜无法包心。

2. 发生条件　桃蚜的发育起点温度为 4.3℃，在 24℃时发育最快，高于 28℃则对桃芽发育不利。温度自 9.9℃升到 25℃时，桃芽平均发育期由 24.5 天缩短到 8 天，每天平均产仔蚜量由 1.1 头增加到 3.3 头，但是同时存活寿命也由原来的 69 天减少到 21 天。一般蚜虫的多发季节是春季和秋季，夏季发生概率相对较少，这主要是夏季多雨冲刷、高温不适、十字花科蔬菜较少、食物缺乏、天敌较多且活动频繁所致。

蚜虫的天敌很多，主要分为捕食性和寄生性两种。一般对害虫起到较大抑制作用的捕食性天敌有双带盘瓢虫、横斑瓢虫、七星瓢虫、食蚜瘿蚊、十三星瓢虫、普通草蛉、小花蝽、大绿食蚜蝇、大草蛉等，寄生性天敌有蚜虫蜂，另外部分微生物也可以起到对害虫的抑制作用，常见的微生物天敌有蚜霉菌等。

3. 防治方法

（1）农业防治　选用抗虫品种，如一些多毛的品种，蚜虫多不喜食，可根据情况选用。在初春和秋末进行清园消毒，消灭越冬虫源，及时多次地清除田间杂草减少虫源。及时拔除蚜虫较多的幼苗，减少虫源数量。认真保护和利用害虫天敌，使用药剂防治时，尽可能使用对害虫天敌伤害较少的药物。用防虫网育苗。在田间张挂银灰色塑料条，或插银灰色支架，或铺银灰色地膜等，均可减少蚜虫的危害。

（2）药剂防治　要及早喷施防治虫害的药剂，避免虫害的发生和蔓延。常用的药剂包括康福多1500倍液或阿巴丁1200倍液；50%辟蚜雾可湿性粉剂或水分散粒剂2000~3000倍液，该药对菜蚜有特效，且不伤天敌；或25%喹硫磷乳油各1000倍液；或50%马拉硫磷乳油；或50%敌敌畏乳油1000倍液；或40%乐果乳油1000~1500倍液。喷雾时注意喷洒叶背部。

（四）黄曲条跳甲

黄曲条跳甲又称为黄条跳甲、黄跳甲、土跳甲等，是一种主要对花椰菜、白菜、甘蓝和萝卜等十字花科蔬菜产生危害的害虫，同时也可以对瓜类和豆类、茄果类蔬菜产生危害。

1. 危害特点　成虫和幼虫均可对蔬菜造成危害。成虫食叶，幼苗期危害严重，叶片被吃后，留下密集的椭圆形小孔，严重时整株死亡。在留种地主要危害花蕾和嫩荚。幼虫则危害植株根部，咬食植株的主、侧根的皮层，留下不规则的条状疤痕，有的时候严重的可以咬断根系，导致植株死亡。

2. 防治方法

（1）农业防治　清除菜地残株落叶，铲除杂草，清园消毒，消除害虫越冬场所。在播种前要深翻晒土，以杀灭部分蛹。避免与十字花科蔬菜连作，特别是不与青菜连作。

（2）药剂防治　药剂防治主要分为播前防治和疾害初发期防治两个方面。播种前在土壤中撒施适量5%的辛硫磷。在病害初发期用48%乐斯本1000~1500倍液，2.5%敌杀死乳油4000倍液，2.5%功夫乳油1500～2000倍液等药剂防治。喷施方法多采用包围喷雾法。

（五）菜蛾

菜蛾，别名小菜蛾。成虫昼伏夜出，有趋光性。在北方地区，菜蛾主要以蛹越冬，在南方则无越冬、越夏现象。

1. **危害特点** 害虫各个生长阶段对叶片产生不同的危害，一般刚孵化的幼虫可以咬破叶片的表皮，将身体的前半部钻入上、下表皮间取食叶肉。初龄幼虫危害叶片，使叶片形成一个个透明的斑，称为"开天窗"。3～4龄幼虫食叶，使叶片形成孔洞或缺口，甚至可以吃成网状。植株在幼苗期受害的主要是心叶，幼虫活动可以导致枝叶下垂。

2. **防治方法**

（1）农业防治 栽培上合理布局，避免与十字花科蔬菜周年连作，并将大白菜早、中、晚熟品种合理搭配栽培。

（2）药剂防治 初期药剂防治可以选用的药物包括：活孢子含量极高的杀螟杆菌、BT粉剂以及青虫菌，把这些药剂加水稀释成500～1000倍液，然后加入0.1%的洗衣粉喷施。特效药有：锐劲特、阿维虫清、菜虫必清、虫螨立克、抑太保+万灵、卡死克+氯氰菊酯。可在幼虫低龄期交替使用上述药剂，同时对防治蓟马、菜青虫也有效。

第二节 萝 卜

一、萝卜品种选择

（一）华中、华北地区萝卜栽培季节和茬口适宜种植的优良品种

该地区的地域面积广阔，主要包括河南、山西、河北、山东四省，天津和北京两个市，以及安徽省和江苏省的北部地区。华中、华北地区不仅栽培历史悠久，而且品种分布集中，形态类型多样，各种类型的萝卜品种在该地区均有分布，资源十分丰富。生产优质萝卜与本地区的良好自然条件密切相关。其中河南、山东和河北三个省多是海河、淮河和黄河冲击而成的平原地貌，不仅土壤十分肥沃，而且水利发达，灌溉便利，为生产优质萝卜提供了重要基础。年平均气温中山东、河南、安徽、江苏较高，为 11~16℃；无霜期除河北和山西北部在 80~90 天，其他地区的无霜期都长于 180 天，为作物栽培提供了良好的气候条件。萝卜一般都起源于温带，是半耐寒性蔬菜，生长适宜的温度范围为 5~25℃，种子发芽的适温为 20~25℃，生长适温为 20℃左右。综合本地区气候条件及萝卜对环境条件的要求来看，除河北、山西北部的高寒地区，安徽、河南、山东、河北南部和中部以及山西平原地区都可以种植萝卜。

山东、河南两省主要生产秋冬萝卜类型，品种多为短而粗的绿皮萝卜，其次是红皮和白皮萝卜。江苏和安徽两省以耐热、抗病品种为主，主要为红皮和白皮萝卜，少量绿皮品种。山西省主栽的是春夏萝卜，这个地区气候条件优良，秋季一般气候凉爽、温差大、日照充足，十分有利于肉质根生长，所以生产出的萝卜个大，含水分少，而淀粉、糖分含量较高。

1. 鲁萝卜1号　山东省农业科学院蔬菜研究所选育的萝卜杂种一代。叶丛较小，半直立，深绿色羽状裂叶，肉质根呈圆柱形，皮呈深绿色，稍有白锈，肉质紧实，呈翠绿色，入土较少。肉质根还原糖含量为3.42%，每100克鲜重维生素C含量为25.4毫克，淀粉酶为269.1酶活单位，辣味稍重。生长期75~80天。单根重500~700克，每亩产量为4000千克以上。鲁萝卜1号是一种可以耐久藏的萝卜品种，一般在沟窖内埋藏到第二年的5月份都不会出现糠心现象，可以作为北方生食和菜用品种。

2. 鲁萝卜4号　山东省农业科学院蔬菜研究所育成的杂种一代。叶丛半直立，羽状裂叶，叶深绿色，单株叶片8~10片。肉质根圆柱形，入土部分较少，皮深绿色，肉翠绿色，肉质十分紧密，生吃十分甜，而且汁液很多，可以久藏。单根一般均重5500克，根叶比约为4。肉质根还原糖含量3.5%左右，每100克鲜重维生素C含量为30毫克，淀粉酶为200酶活单位，微辣，风味好。生长期80天左右。每亩产量为4000千克以上。较抗霜霉病和病毒病，可以作为秋季绿皮水果萝卜栽培，商品性高，部分地区的销量较好。

3. 丰光一代　山西省农业科学院蔬菜研究所育成的杂种一代。叶丛半直立，花叶，叶绿色。肉质根长圆柱形，长 38~42 厘米，横径 9 厘米，约 1/2 露出地面，表面光滑，出土部分的皮呈绿色，入土部分为白色，肉质白色，单根均重约 2 千克。属于典型的中晚熟萝卜品种，生长期 85~90 天。耐热，抗病毒病。一般每亩产量为 5000 千克左右。肉质致密脆嫩，味稍甜，含水量略多，品质良好，宜生食、熟食或腌渍用。以上地区范围内，只有山西省不可以栽培，其他地区栽培效益良好。

(二) 东北地区萝卜栽培季节和茬口适宜种植的优良品种

东北地区位于我国东北边陲，地域上包括内蒙古自治区大部分地区以及吉林、辽宁和黑龙江三省，在地形上的显著特点是地形差异较大、山地和丘陵较多、气候寒冷。黑龙江、吉林两省是我国最北部的省份，冬季漫长、寒冷，夏季短促而多风，7~9 月的气候十分适合萝卜生长，是萝卜器官发育和生殖发育的最佳时期。三省中辽宁省的气候相对较为温暖，夏季温暖多雨，春季短促多风，年平均气温从东北向西南由 5℃增至 10℃，8~10 月 3 个月为该省萝卜的主要生长时期，而且这几个月的光照资源比较丰富，每月平均日照时间都长于 200 个小时。内蒙古地区的区域气温也随地势而发生变化，从东北向西气温由 -1℃增至 8℃左右，河套平原属于大陆性气候，年平均气温 7~8℃，萝卜的主要种植时期也为 8~10 月 3 个月。

1. 黑龙江五缨水萝卜　黑龙江五缨水萝卜是黑龙江省的地方品种，在省内分布面积较广。这种品种的叶丛呈直立状，叶柄处呈绿色波浪状，叶片长 20 厘米左右，宽 4~6 厘米，叶柄红绿色。肉质根长 10~12 厘米，横径 3~4 厘米，长圆柱形，地上部与地下部皮色均为粉红色，肉质白色，单根重 50 克左右。该品种是春季栽培的早熟品种，从播种到收获大约需要 50 天的时间。该品种萝卜不仅味道微甜，品质优，而且具有很好的耐寒和抗病性，适宜生食。哈尔滨地区于4月下旬露地直播、条播，行距15~20厘米，株距6~8厘米，6月中旬收获。每亩产量为1000~1330千克。

2. **黑龙江白皮水萝卜** 黑龙江白皮水萝卜是黑龙江省青岗地区的农家栽培品种，主要栽培区域为黑龙江省东北部和东部地区。植株的叶丛直立，花叶绿色，叶面茸毛中等，全裂，小裂叶片3对，叶长31厘米，宽9.4厘米，叶柄浅紫色。肉质根长圆柱形，长13厘米，横径3.6厘米，地上部分为粉色的皮，地下部分为白色，单根均重约84克。萝卜的味道微甜，辣味较重，水分较多，口感很好。中熟品种，耐寒性强，耐贮性中等，耐旱、耐热性较弱，生长期55天。适于春季种植，在哈尔滨地区于4月中下旬露地直播，行距15厘米，株距约为10厘米，通常收获时间为6月，亩产量约为2150千克。

3. **大连小五缨** 大连小五缨是辽宁省大连市农家栽培品种，栽培历史悠久，范围较广。该品种的叶丛呈半直立状，开展度约为20厘米，株高20厘米，板叶，全缘。叶片长30厘米，宽7厘米，叶片绿色，叶柄紫红色。肉质根短圆锥形，长15厘米，横径4厘米，外皮粉红色，顶部紫红色，肉质白色，一般单根重约65克，适合作为春季早熟品种栽培，收获期约50天。该品种耐贮性弱，抗病性中等。该品种萝卜口感脆嫩，水分较多，风味淡，品质较好，适于生、熟食。大连地区一般于3月中下旬播种，行距20厘米，株距12~15厘米，应注意早间苗、定苗。加强田间的肥水管理，做好地蛆和蚜虫等害虫的防治工作，如果管理得当，一般亩产可以达到1500千克。

（三）华东地区萝卜栽培季节和茬口适宜种植的优良品种

该地区主要包括安徽南部、江苏南部、江西、湖北、浙江、上海等省（直辖市）。整个地区属于暖温带和亚热带季风性湿润气候，全年四季分明，雨量适合，十分适合萝卜品种的栽培和种植，所以该区的传统品种和新育成品种栽培都很多，在全国萝卜生产中有举足轻重的地位。安徽、浙江的山地主要在皖西和浙西，这两个省有淮河平原、皖中平原、黄淮平原、江淮平原、滨海平原、长江三角洲平原等。上海市的高地面积只占总面积的4%左右。整个地区气候温和，萝卜生长期较长，所以品种类型多样，主栽品种多为白皮白肉。

1. 红皮四季萝卜　湖北省农家品种。叶椭圆形，叶柄淡红色。肉质根圆球形，长7.5厘米，横径约6.6厘米。皮洋红色，肉白色，味微甜，可生食、熟食、干制及腌渍。红皮四季萝卜全年都可以播种，生长期短，为60~65天。

2. 扬花萝卜　扬花萝卜是江苏南京的农家栽培品种。肉质根呈扁圆形或圆球形，横径约为2.3厘米，长度约为2厘米。皮鲜红色，肉白色，收获时有叶5~7片。2月份播种，50~60天即可收获，在4月上旬（清明）播种，经25~30天即可收获。每亩产量为400~800千克。

3. 上海小红萝卜　上海小红萝卜是上海地方栽培品种。肉质根呈扁圆形，根尾白色，根皮为玫瑰样红色，味道脆甜。叶柄细而短，叶丛直立，裂叶，叶片淡绿色。在上海2月上旬（立春后5天）播种，4月上旬（清明）始收，5月上旬（立夏）盛收，6月上旬（芒种）收完。生长期45天左右。平均亩产量为800~1000千克。

4. 黄州萝卜　黄州萝卜是湖北黄冈的农家栽培品种。肉质根皮白中带紫，根呈长圆形，一般单根重2000~3000克。该类萝卜汁多而脆，不辣，纤维质少，口感好，宜炒、煮食。耐寒，也较耐肥和耐旱，不耐涝，易糠心。武汉地区于8月下旬播种，11月下旬开始收获，生长期100天左右。每亩产量为6000千克。

二、秋冬萝卜的种植技术

秋冬萝卜是我国萝卜栽培的主要季节，一般是秋种冬收。由于栽培前期温度较高，十分适合苗期萝卜生长，后期天气较凉，适于肉质根膨大，是萝卜的最佳栽培季节。秋冬萝卜的产量高，品质佳。在秋菜生产中，种植面积较大，是重要的冬贮蔬菜。

（一）选择土壤

秋冬萝卜栽培对土质有一定的要求，一般都要选择土质疏松，肥力较高，排水方便的沙壤土，这是长出色泽美观、表皮光滑、品质优秀的肉质根的前提和基础。若将萝卜种在易积水的洼地、黏土地，则肉质根生长不良，外皮粗糙；种在沙砾比较多的地块，则肉质根发育不良，易长成畸形根或叉根。一般来说，在水浇地上栽培萝卜以土质疏松的沙壤土为宜，而旱地萝卜栽培则以保水较好的土壤为宜。土壤酸碱度则以中性或微酸性为好。土壤酸性太强易使萝卜发生软腐病和根肿病；碱性太大，长出来的萝卜往往味道发苦。土壤 pH 值以 6.5 为合适。

（二）整地

萝卜播种之前要先整地，一般要深耕 25 厘米以上，耙地 2~3 遍，然后根据当地的栽培习惯做畦。施肥总的要求是以基肥为主、追肥为辅。萝卜根系发达，需要施足基肥，农民也有"追肥长叶，基肥长头"的谚语，一般基肥用量占总施肥量的 70%。每亩施腐熟厩肥 2500~4000 千克、草木灰 50 千克、过磷酸钙 25~30 千克，之后再加入 2500~3000 千克的人畜粪尿肥，之后深耕到土壤中，耙平后做成畦。做畦的方式根据品种、土质、地势和气候条件而定。大型萝卜根深叶大，要做高畦，南方多雨地区在雨水多的季节，无论大型或小型品种都要做成高畦。

（三）选择播种期

萝卜播种期选择的前提是连接萝卜的最适生长期，通常来说，萝卜植株生长的适宜温度为 5 ~ 28℃，肉质根膨大的最佳日间温度为 14 ~ 18℃，昼夜温差为 12 ~ 14℃。

因此，在决定萝卜播种期时，应根据当地的气候情况，使萝卜的肉质根膨大期处于温度最佳品种。若播种过早，由于天气炎热，则病虫害严重；如果播种时间过晚，虽然可以很好地避开虫害高发期，但是萝卜的生长时间太短，肉质根的发育不够完全，影响萝卜产量的提高。黄淮海地区以 8 月上中旬为播种适期。在这一范围内，也应根据当时当地的情况确定播种期。如果 8 月上中旬高温干旱，则播种期应适当推迟。土壤肥力差，前茬为粮食作物的地块，可适当早播，以延长生长期，增加萝卜产量。病虫害发生严重的老菜区，可以适当延迟播种，老菜区一般地力条件优越，延迟播种一方面躲避病虫害，另一方面由于地力肥沃，萝卜生长速度快，生长期短些亦不会减产。生食品种应比熟食和加工用品种播种时间更晚，这样萝卜生长期所经历的高温天气就更少，降低了肉质根中芥辣油的含量，提高了糖分含量，可以更好地提高萝卜的口味。目前，广大菜农在确定播种期时，主要以控制和减轻病毒病的发生、实现丰产和稳产为先决条件。

三、夏秋萝卜的种植技术

夏秋萝卜是我国大部分地区可以采用的萝卜栽培品种，主要包括早夏种植、晚夏收获的萝卜和夏季种植、秋季收获的萝卜品种。但其生长期内，尤其是发芽期和幼苗期正处炎热的季节，不利于萝卜的生长，且病虫害较为严重，致使产量低而不稳。

（一）选地与施肥

夏秋萝卜栽培对土壤有一定的要求，一般选用土层深厚、腐殖质含量高的沙质土壤，而且前作最好是施肥多、耗肥少、土壤中遗留大量养分的茬口为好，如早豇豆、黄瓜等。深耕整地，多犁多耙，晒白晒透，在播种前结合深耕，每亩撒施充分腐熟的有机肥 4000 千克、草木灰 100 千克、过磷酸钙 25~30 千克。基肥施用时一般都是一次性施入土中，后期看秧苗的具体生长情况再追施肥料。

（二）适时播种

夏秋萝卜播种的最适时期在 6 月下旬到 7 月下旬之间，播种过早，肉质根膨大期正值雨水多、病害严重的时期，不利于提高产量。夏秋萝卜起垄栽培，按 30 厘米株距穴播，一般每穴 4~5 粒种子，播种时一定要采用药土［如美曲膦酯（敌百虫）、辛硫磷等］拌种或药剂拌种，以预防地下害虫。

播种之后一定要及时覆盖，防止土壤中水分的散发，保证秧苗出齐，同时防止暴雨造成的土壤板结。覆盖物可用谷壳、灰肥等，播后盖土厚约 2 厘米，同时用遮阳网覆盖，保持田间湿而不渍。

四、春夏萝卜的种植技术

春夏萝卜露地栽培的时候，一般萝卜生长前期的温度都较低，所以要采取措施，防止萝卜先期抽薹。

（一） 播种前的准备

由于春夏萝卜生长期短，为获得较高的产量，宜选择疏松、肥沃、保水保肥的壤土或沙壤土种植春萝卜。播种前施足基肥，深翻耙平。若土壤墒情不好，可提前浇水造墒。若为风障前播种，夜间需要覆盖草苫以提高温度，并提前准备好风障和草苫等用具。露地栽培时一般都是平畦，如在春甘蓝、春花椰菜或其他早春蔬菜的畦埂上点种，畦内作物可提前浇水，湿润畦埂，以备播种。同时，应选用冬性较强的品种，备足种子。

（二） 适时播种

萝卜种子只要开始萌动就会很容易完成春化阶段，为了避免春夏萝卜先期抽薹，选择合适的播种时期就显得十分重要。根据萝卜通过春化阶段最适低温为2~4℃的情况，为减少低温的影响，春夏萝卜适期播种的依据应是地表10厘米，地温稳定在8℃以上，夜间最低气温高于5℃。生产实践证明，避免春夏萝卜播后夜间温度过低是防止出现先期抽薹的有效措施。

五、萝卜常见病害及其防治技术

（一） 病毒病

十字花科植物病毒病在全国各地普遍发生，危害较重，是生产上的主要问题之一。华北和东北地区大白菜受害严重,统称为"孤丁病"或"抽风"。华南地区芜菁、芥菜、小白菜、菜心、大白菜和萝卜等发生普遍,统称为花叶病。该病的发病率一般为3%~30%,重度病区的发病率可以高达80%以上。华东、华中及西南地区主要危害十字花科蔬菜。

1. **症状** 苗期最易感病毒病,发病症状是心叶出现明脉,并沿叶脉褪绿,使叶片产生浓淡相间的绿色斑驳,然后花叶出现皱缩现象。发病初期一般不会影响植株的外观,只出现轻度矮化和结实不良现象;重病株矮化、畸形,根部不发育或发育不良。

2. **病原及传播** 我国十字花科蔬菜病毒病主要由下列3种病毒单独或复合侵染所致,即芜菁花叶病毒、烟草花叶病毒、黄瓜花叶病毒。病毒的越冬方式多样化,既可以在贮藏的甘蓝、萝卜、白菜等采种植株上越冬,也可以在宿根作物如菠菜及田间杂草上越冬。春季传到十字花科蔬菜上,再经夏季的甘蓝、白菜传到秋白菜和秋萝卜上。芜菁花叶病毒和黄瓜花叶病毒可以通过汁液的摩擦和蚜虫传染,而又以蚜虫的病毒传播概率更大。在高温和干旱的气候条件下,蚜虫频繁迁飞,从而传播病毒,加重发病。

3. **防治方法**

(1) 种植抗病、耐病品种 已育成的抗病、耐病品种较多,许多地方利用抗病品种已经成功地控制或者减弱了病毒病对植株的影响。鉴于各个地区感染十字花科蔬菜的病毒株系和种类不尽相同,所以在引进抗病品种时,需经试种或进行抗病性鉴定。常见抗病品种有京红1号、心里美、热白、灯笼红、石家庄白萝卜、露八分、布留克等。

(2) 农业措施 合理调整蔬菜的生产布局,采用合适的间作、轮作和套作方式,避免与十字花科作物或者其他的毒源作物相邻种植。适期播种,使苗期避开高温期与蚜虫迁飞高峰期。加强肥水管理，合理施用基肥和追肥，喷施叶面营养剂，以提高植株抗病能力和缓解病株症状。

（3）防治蚜虫 及时采取各种形式的避蚜、杀蚜和诱蚜措施，减少蚜虫对萝卜生长的危害。

（4）药剂防治 可以用来防治该病的药剂种类很多，包括20%病毒克星500倍液，1.35%毒畏1000倍液，50%抑毒星1000倍液，或20%病毒A 300倍液。以上药液都可以用于苗期喷施，连续施用2次，施药间隔期为7~10天。如果可以配合使用氨基酸叶面肥，或爱增美3000~5000倍液（日本产天然芸薹素），可以达到更好的防治效果。

（二）黑腐病

黑腐病危害多种十字花科蔬菜，如白菜、甘蓝、花椰菜、萝卜、荠菜和芜菁等。但以甘蓝、花椰菜和萝卜被害最为普遍，分布很广，有的地区或个别地块也能造成较大的损失，例如陕西省武功县地区种植的萝卜病株率曾经高达30%，贮藏根腐率也高达3%~10%。

1. 症状 黑腐病是一种由细菌引起的维管束病害，其症状特征是维管束坏死、变黑。幼苗被害，子叶呈现水浸状，逐渐枯死或蔓延至真叶，使真叶的叶脉上出现小黑斑或细黑条。成株发病多从叶片的边缘或者被虫子咬伤的部位开始，这些部位出现"V"字形的黄褐斑，叶脉逐渐坏死、变黑。萝卜、芜菁叶上初期叶缘变黄色，接着叶脉变黑，之后，叶全部变黑，但不形成特定的病斑。发病初期根部外观没什么异常，如把健、病两种根透视比较，健者为白色且有生机勃勃之感，而病者则稍呈饴色；对被害的植株根部进行观察时，可以发现导管的部位开始发黑，随着病情的发展，从导管根部开始逐渐腐烂，中心消失变空洞状。偶尔，病势发展停止，自根冠再簇生叶子。与软腐病不同的是，此病不软化，无恶臭味。

2. 病原及传播　该病的病原是野油菜黄单胞细菌野油菜致病变种。病菌冬季在植株的病残体或种子内部生活。若播种携带病菌的种子，病菌能从幼苗子叶叶缘的水孔侵入，引起发病。病菌随病残体遗留田间，也是重要的侵染源，一般情况病菌只能在土壤中存活 1 年。在田间，病菌主要通过施肥等田间劳动进行传播。如果气候和栽培条件不佳，包括地势低洼、排水不畅、久旱大雨、早播、虫害高发等，都可以诱发此病。

3. 防治方法

（1）种植抗病品种　可选各地报道的抗病品种，如小缨紫花潍县萝卜、丰克一代、合肥青萝卜、郑州金花薹、鲁萝卜 3 号、秦菜 1 号、秦菜 2 号、冬青 1 号等。

（2）使用无病种子　栽培的时候要使用没有发病的秧田，或者是无病植株的种子。播种前还要对种子进行消毒处理。用温汤浸种法处理时，先将种子用冷水预浸 10 分钟，再用 50℃ 热水浸种 25～30 分钟。药剂处理可用 45% 代森铵水剂 300 倍液，或 77% 可杀得悬浮剂 800～1000 倍液，或 20% 喹菌酮 1000 倍液浸种，浸种的时间大约为 20 分钟，浸种之后还要用清水冲洗干净，晾干后备用。用 200 毫克/升的链霉素或新植霉素药液浸种也有效。此外，还可用 50% 琥胶肥酸铜（DT）可湿性粉剂或 50% 福美双可湿性粉剂，按种子重量 0.4% 的药量拌种。

（3）农业措施　病原菌在田地的存活时间大约为 1 年，鉴于这个特点，可以采用与非寄主性作物，如葫芦科、茄科、豆类蔬菜进行 2 年轮作的方式来降低虫害；清洁田园，及时清除病残体，秋后深翻，施用腐熟的农家肥；适时播种，合理密植；及时防虫，减少传菌介体；合理浇水，雨后及时排水，降低田间湿度；减少农事操作造成的伤口。

（4）药剂防治　药剂防治的重点是植株发病初期的防治，可以用 500~600 倍的高锰酸钾溶液每 7 天喷施 1 次，连续喷洒 3 次。也可以用 58% 甲霜灵可湿性粉剂 500 倍液，每亩用药 120 克，对水 60 升喷雾，隔 7 天再喷 1 次。

六、萝卜常见虫害及其防治技术

（一）菜青虫

1. 习性与危害　菜青虫在南北方的发生代数不太一致，一般南方多于北方。每年北方地区发生 3~4 代，而南方地区一般是 7~9 代。菜青虫喜温，一般在气温 15~25℃时利于其生长、发育和繁殖。菜青虫是菜粉蝶的幼虫，全国各地均有发生。菜青虫为咀嚼式口器害虫，刚刚孵化的幼虫主要是在叶背进行啃食，幼虫 3 龄后食量开始增加，叶片也往往被啃成缺刻或网状，甚至只剩下叶脉和叶柄，使萝卜幼苗死亡。其虫粪污染萝卜心叶，常引起腐烂，幼虫危害造成的伤口能诱使软腐病的发生。

2. 防治方法

（1）清洁田园　萝卜收获后要及时做好田地清杂工作，捡拾田地中带病的残枝败叶，带出地外集中填埋或者销毁，减少来年的虫口密度。

（2）人工捕捉　捕捉幼虫和蛹及成虫是很容易做到的，成虫用网捕效果较好。

（3）保护和利用天敌昆虫　此法既可防虫又保护环境，减少农药的污染。

（4）生物农药防治　药剂防治的重点时期是幼苗期和害虫初发期。可以用100~110克100亿个活芽孢/克苏云金杆菌可湿性粉剂，对水50~60升后喷雾施用；或100亿个活芽孢/克青虫菌粉剂1000倍液喷雾，或100亿个活芽孢/克杀螟杆菌可湿性粉剂加水稀释成1000~1500倍液喷雾。以上药剂可以选择其中任何一种施用，都可以起到很好的杀灭病菌的作用。药剂一般要连续喷施2~3次，喷药间隔期为7~10天。

（二）萝卜蚜

1. 习性与危害　萝卜蚜在北方1年发生10~20代，在温室内可终年繁殖。在夏季无十字花科蔬菜生长的情况下，则寄生在十字花科杂草上。萝卜幼苗期正是蚜虫大量发生期，植株受害后难以正常生长发育，造成萝卜不同程度的减产。蚜虫还携带病菌，传播病毒病等疾病，导致萝卜表皮粗糙，影响品质和产量。蚜虫除在春、夏季危害春萝卜，还危害采种株叶片，影响植株的正常抽薹、开花和结荚。

2. 防治方法

（1）农业防治　萝卜栽培时可以选用较抗蚜虫或者病害发生较轻的品种，合理进行栽培管理，十字花科蔬菜苗床应远离发生蚜虫较早的菜地、留种菜地和桃、李、杏果园；与玉米、架菜等高秆作物间作，降低蚜虫传毒概率；清理田地，摘掉老叶和黄叶，把带病植株移到田外进行集中销毁，减少病苗植株，减少虫口密度。

（2）诱蚜、避蚜及利用天敌　在有翅蚜发生盛期，设置黄皿或黄色黏板诱蚜。在十字花科蔬菜苗期，用银灰色反光膜避蚜。对田间自然存在的蚜虫天敌加以利用，常见的有食蚜瓢虫、蚜茧蜂、食

蚜蝇、草蛉等。

（三）菜螟

1. **习性与危害**　菜螟又称为萝卜螟或菜心虫，主要对以萝卜为主的十字花科蔬菜产生危害。我国北方地区的菜螟一般每年可以发生 3~4 代，老熟幼虫吐丝与泥土、枯叶做成囊在土中越冬。春、秋季均有发生，以秋季危害最重。成虫白天潜伏叶下，夜间出来活动。卵散产在幼苗的叶柄、茎、心叶以及露在外部的根系上，产卵期为 3~5 天。孵化出来的幼虫可以爬上幼苗的植株吐丝缀叶，咬食心叶，轻者使苗生长停滞，重者使幼苗死亡，造成缺苗断垄。3 龄后，幼虫钻蛀茎髓形成"隧髓"，甚至钻食根部，造成根部腐烂。萝卜播种期越早，受害越严重。

2. **防治方法**

（1）**农业防治**　定期做好田地的清洁工作，枯枝败叶及时移出地外。合理安排播种茬口，做好土地翻耕和定期灭虫工作。调节播期，使菜苗 3~5 片真叶期与菜螟盛发期错开。适当浇水，增大田间湿度，既可抑制害虫，又能促进萝卜生长。

（2）**药剂防治**　增强对蚜虫生长发育的了解，在幼虫孵化期和成虫的盛发期及时喷药灭虫。可选用 90% 敌百虫（美曲膦酯）1000 倍液，或 50% 辛硫磷 1000 倍液，或 10% 氯氰菊酯 2500 倍液，在采收前 7~10 天应停止喷药。防治菜螟应与防治小菜蛾及蚜虫结合进行。

一、辣椒品种选择

（一）极早熟、早熟品种

辣椒的栽培品种十分多样，其中极早熟和早熟的品种也名目繁多。常见的有中国农业科学院蔬菜花卉研究所选育的中椒 10 号和中椒 13 号；湖南省农业科学院蔬菜研究所选育的福湘 1 号和福湘 2 号；河南省农业科学院园艺研究所选育的豫椒 977；北京市海淀区植物组织培养技术实验室选育的海丰 14 号、海丰 23 号、海丰 38 号；郑州市蔬菜研究所选育的豫椒 5 号；洛阳市辣椒研究所选育的豫椒 4 号和洛椒 7 号；广州市蔬菜科学研究所选育的辣优 1 号、辣优 2 号、辣优 8 号和辣优 11 号；山西省农业科学院蔬菜研究所选育的晋尖椒 2 号；沈阳市农业科学院蔬菜研究所选育的沈椒 4 号、沈椒 5 号和沈椒 6 号；江

苏省南京星光蔬菜研究所选育的天骄 6 号；江苏省农业科学院蔬菜花卉研究所选育的苏椒 5 号；辽宁省农业科学院园艺研究所选育的辽椒 12 号；安徽省农业科学院园艺研究所选育的皖椒 4 号；江西省南昌市蔬菜研究所选育的早杂 2 号；广东省农业科学院蔬菜研究所选育的粤椒 1 号、粤椒 2 号、粤椒 8 号和粤椒 9 号等。

（二）中早熟品种

我国栽培面积较广的中早熟辣椒品种主要有：中国农业科学院蔬菜花卉研究所选育的中椒 6 号；内蒙古赤峰市农业科学研究所选育的赤研 1 号；郑州市蔬菜研究所选育的郑椒 9 号、郑椒 11 号、康大 301、康大 401、康大 501、康大 601 和查理皇；北京市蔬菜研究中心选育的京辣 8 号、都椒 1 号；重庆市农业科学研究所选育的渝椒 4 号、渝椒 5 号；河南省开封市蔬菜研究所选育的汴椒 1 号；江苏省农业科学院蔬菜花卉研究所选育的江蔬 2 号、江蔬 6 号；河南省开封红绿辣椒研究所选育的领航者；江苏省南京星光蔬菜研究所选育的天骄 2 号；湖南省农业科学院蔬菜研究所选育的湘研 13 号；山西省农业科学院蔬菜研究所选育的晋尖椒 3 号；广东省茂名市北运菜新品种开发中心选育的粤丰 1 号；广州市蔬菜科学研究所选育的辣优 4 号等。

（三）中熟品种

此类品种有湖南省农业科学院蔬菜研究所选育的兴蔬 16 号；郑州市蔬菜研究所选育的郑椒先锋；江苏省南京星光蔬菜研究所选育的宁椒 5 号、宁椒 7 号和天骄 802；中国农业科学院蔬菜花卉研究所选育的中椒 13 号；广东省茂名市北运菜新品种开发中心选育的粤丰 2 号；广州市蔬菜研究所选育的辣优 9 号、尖椒 5 号等。

(四) 中晚熟、晚熟品种

此类品种有广州市蔬菜科学研究所选育的辣优 12 号；广东省农业科学院蔬菜研究所选育的粤椒 10 号；郑州市蔬菜研究所选育的郑椒 2 号、郑椒 16 号和长辣 2 号；湖南亚华种业科学院选育的湘椒 37 号；河南省农业科学院园艺研究所选育的豫椒 968；湖南省农业科学院蔬菜研究所选育的兴蔬 26 号等。

二、辣椒种植技术

(一) 春露地栽培技术

春季露地栽培是可以提早辣椒上市的辣椒栽培模式，一般辣椒可以从 6 月中旬收获到 10 月份。

1. 品种选择　春露地栽培依据栽培目的的不同，可以分为以早上市为目的的露地早熟栽培和以越夏恋秋收获为目的的恋秋栽培两种情况。露地早熟栽培应选用早熟或中早熟、抗性好以及前期产量较高的栽培品种；露地恋秋栽培则要选择中晚熟、晚熟而且抗热、抗病、结果多而大、中后期结果能力高的栽培品种。各地区可根据本地情况，选择本书所介绍的相应品种。

2. 播种育苗　春露地栽培的大田定植期应选在定植后不再受霜冻危害的时期，尽量早定植，保证辣椒的早熟和高产。一般栽培都是在 4 月中下旬开始定苗，播种到发育成大苗的时间为 80～90 天。适宜的播种期为 1 月上旬至 2 月上旬。育苗场所选在日光温室、大棚内播种育苗。此时天气仍然寒冷，所有育苗设施都要提前覆盖薄膜增温，并准备好覆盖的草苫，保证播后白天温度保持在 20～28℃，夜间保持在 15～18℃。

3. 整地施肥　用于春露地栽培，应选择在地势高燥、耕性良好、能排能灌的地块。因辣椒怕重茬连作，需要选择 2~3 年内未种过茄果类蔬菜和黄瓜的春白地，前茬作物以葱蒜类最佳，也可以是甘蓝类或者豆类。入冬前田地深耕，冻垡，消灭在土壤中越冬的害虫，减少来年虫源。由于辣椒生长期较长，底肥中需要以施用肥效持久的有机肥为主，并与无机肥配合均衡施用。每亩施充分腐熟优质农家肥 5000~8000 千克、尿素 15 千克、过磷酸钙 50 千克、硫酸钾 15 千克，施肥时间至少应该选在定植前 10 天，保证秧苗生长对肥料的需求。有机肥料一般要重施，增加后期产量。底肥的 2/3 要施于地面，然后耕深 25~30 厘米，反复耙平，剩余的 1/3 底肥在起垄前施于垄下，经浅锄使粪土掺匀后再起垄。

春露地栽培辣椒一般都采用宽窄行小的高垄进行栽培。一般在定植前的 5~7 天内，按照窄行 40~50 厘米，宽行 60~70 厘米的行距放线，然后在窄行内施肥，之后两边起土培成半圆形小高垄，垄高 10~15 厘米。此外，可采用地膜覆盖栽培。春露地栽培覆盖地膜能增加表层 5 厘米地温 3~10℃，减少水分的蒸发，避免多次浇水对田地的冲刷，保护土地的固有土壤结构，提高秧田地力，这样通常可以使辣椒至少增产 25%~50%，提早上市 5~8 天。所以，覆盖地膜是一项增产增收的重要措施。

4. 定植　辣椒不耐霜冻，应在当地终霜期结束后开始定植。河南省定植期多在 4 月中下旬。在天气晴朗的时候按照 35~45 厘米的行距定植，早熟和中早熟品种的定植密度可以适当大一点，中熟及中晚熟品种定植密度宜稀疏。定植前按株距踩出株距线，用栽苗小铲在株距线上铲破地膜，挖出部分土，将苗坨放入，并用挖出的土封好四周，不使风吹入膜内。栽植深度以土坨与畦面平行最佳，过低时地温太低，秧苗通气不良，妨碍缓苗。移栽之后可以立即按穴浇水，也可以在全部移栽完后浇水 1 次，浇水的时间最好是在早上

10 时环境温度较高时进行。

5. 田间管理

（1）定植后至坐果前　此期管理上要促根、促秧、促发棵。定植后处于 4 月中下旬，地温、气温对辣椒生长而言仍较低。因此，应在 5~7 天缓苗后，结合浇水，追施 1 次提苗肥，每亩施用 10 千克尿素。在土壤变干的时候，立即中耕培土，保护田地墒情，促进植株根系的生长。在缓苗至开花这一段时间，管理要促控结合，蹲苗不应过分。

（2）坐果早期　门椒开花后，严格控制浇水，防止落花落果。大部分植株门椒坐果后，结束蹲苗。这时可以在浇水的同时追施 1 次肥料，一般每亩施用腐熟的人尿粪 1000 千克，或者尿素 20~25 千克，施肥后立即浇水。结合中耕除草进行 1 次培土。

（3）盛果期　一般早熟品种 6 月上中旬、中晚熟品种 6 月中下旬进入盛果期。进入盛果期时，一般外界的温度都较高，如果没有充足的雨水供应，一般间隔 7 天就要浇水 1 次。浇水的时间以晴天傍晚最佳。可以 1 次浇清水，1 次追肥，每亩施尿素 10~20 千克。植株封行前可做浅中耕，并进行培土，防止结果过多而倒伏。因辣椒根系分布较浅，好气性强，培土不要太深，而且封行之后不再进行中耕。除了需要施用植株生长需要的大量元素，辣椒生长对硼等微量元素也有一定的需求。据试验，在花期至初果期叶面喷施 2 次 0.2% 硼砂，可提高结果率。在苗期、封垄前及盛果期使用 0.05% 硫酸锌溶液在叶面上喷洒 3 次，可以保证植株正常生长和代谢，提高植株对病虫害的抵抗能力，预防病毒病的发生。有条件的栽培区域也可以覆盖遮阳网，降低田间温度，以利于坐果。雨后及时排出田间积水。

地膜覆盖栽培中，由于田间操作、风害等原因常会出现地膜裂口、边角掀起透风跑气的现象，出现这种状况，不仅会降低田地温

度，增加水分蒸发，而且可以促使杂草丛生。所以在田间管理的时候要做好地膜的保护工作，发现破口和边角掀起要及时用土封压严。8 月中旬以后，炎热季节过去，辣椒会再发新枝开花坐果，进入第二个结果高峰期，此时要恢复到第一个结果高峰期的肥水管理水平，每间隔 7~10 天就浇水 1 次，浇水的同时可以结合追肥一起进行，后期也可以采用顺水追施肥料的方法，促进植株健壮生长，实现恋秋成功。对于不能或不宜恋秋生产的早熟或中早熟品种，可以在第一个产量高峰期过后拔秧。

（4）整枝顺果　露地栽培的辣椒，主要是靠主枝结果，如果保留叶腋间萌发的侧枝，不但会加大养分的消耗，而且会对早期坐果产生影响，影响植株的正常生长发育，降低产量，故应及时疏除门椒以下侧枝。辣椒结果多，产量高，株型高大，为防倒伏，应插杆搭架来固定植株。

辣椒坐果之后，果实有时会被夹在分叉的枝干处，为了防止果实变形，可以在下午枝干发软的时候进行整理。

6. 采收　果实变深绿、质硬且有光泽为青果采收适期。如青果价低，红果价高，也可延迟而只采收部分红果上市。但应注意，为确保果实和植株的营养生长，前期果实要早采收，否则会对产量产生很大影响，发现僵硬或者变硬的果实要及时摘除。

（二）露地栽培的夏季管理

辣椒在春分至清明播种育苗，小满至芒种定植大田，立秋至霜降收获的栽培方式称为越夏栽培，又称为夏播栽培、抗热栽培或夏秋栽培。一般越夏栽培可以和小麦、西瓜、甜瓜等作物套作，也可与油菜、大蒜等作物接茬种植，充分利用土地资源，增加复种指数。越夏辣椒生产、结果盛期正值9~10月份，气温较低，不易腐烂，便于鲜果长途运输，经过短期贮藏，又可延至元旦、春节供应市场。

1. **品种选择** 越夏辣椒栽培主要是满足夏、秋季的市场需求，这个时间段内气候湿热，高温和高湿都很容易导致病害的发生。所以要选用耐热、抗病、大果、商品性状好、产量高的中晚熟和晚熟辣椒品种，一些抗性好的中熟品种也可选用。如果是产地外销售，更要选用一些耐储运、耐压、肉质较厚的辣椒品种，常见的有湘椒37号、郑椒16号等。

2. **播种育苗** 在一般情况下，辣椒从播种育苗到现蕾开花需60~80天，但在气温较高的夏季，所需时间会相应缩短。与大蒜、油菜等接茬种植或与西（甜）瓜、小麦套种的，一般要在3月中下旬育苗；前接麦茬进行栽培的，一般要在4月上旬播种育苗。育苗床虽然设置在露地，但是前期温度过低，需要小拱棚覆盖栽培，待晚霜过后撤除。为了减少分苗伤根，缩短非生长期，防止引发病害，一般采用一次播种育苗的方法，因此需要稀播，出苗后再进行2~3次间苗，到1~2片真叶时定苗。苗距12厘米左右，每穴留苗数随栽培方式的不同而发生变化，通常与小麦、油菜和大蒜接茬栽培的，每穴一般只留1株健壮的幼苗；与瓜套种、与麦套种的留2株。幼苗有干旱缺水现象应及时浇水，浇水时可施入少量肥料以促苗生长。定植前1~2天浇1次水，有利于带土起苗。

3. **定植** 辣椒与小麦、油菜、大蒜等接茬种植的，一般都要抢收、抢耕、尽早定植。在前茬作物收获之后，就要尽早灭茬、施肥、耕地、做畦和定植。由于辣椒怕淹，应采用小高畦栽培，但不用覆盖地膜，苗栽在小高畦两侧近地面肩部，以利于浇水和排水。可等行距进行定植，宽窄行定植效果更佳。宽行的具体标准是：甜椒 60 厘米，辣椒 70~80 厘米；窄行，辣椒 50 厘米，甜椒 40 厘米。穴距：辣椒 33~40 厘米，每穴单株；甜椒 25~33 厘米，每穴双株。夏季气温高，易发生病毒病，所以越夏辣椒应适当密植。特别是甜椒，密度大，枝叶生长繁茂，可以提早封垄，降低地温 1~2℃，保持湿润的地面环境，避免日烧病的发生。定植前每亩要施腐熟优质农家肥 5000 千克、过磷酸钙 50 千克、硫酸钾 25 千克作基肥。

与西（甜）瓜套种的，可以选用早熟的西瓜或甜瓜品种，采用地膜覆盖的方式进行栽培。在西瓜或甜瓜播种后 30 天左右套栽辣椒。方法是每垄西（甜）瓜套栽 2 行辣椒，即在两株西（甜）瓜之间的垄两侧破膜打孔各定植 1 穴辣椒。与小麦套种的，小麦一般是大田 2~2.2 米一带，播种 2 行麦，留 0.8~1 米宽空畦以供定植辣椒。定植时间约在 5 月上中旬，在原先预留的空畦中平栽 2 行辣椒，穴间距为 50 厘米，每穴定植辣椒 2 株。窄行行距为 60 厘米，宽行行距为 1.5~1.6 米。定植时按穴距挖穴栽苗，选阴天或晴天 15 时后进行，尽量减轻秧苗打蔫。起苗前一天给苗床浇水，起苗时尽量多带宿根土，避免土坨散开，保护植株根系。移栽后要及时覆土，并浇水。换苗期内至少要浇水 2~3 次，加速植株缓苗。

4. 田间管理 越夏辣椒定植后，合理浇水、科学施肥，促使早缓苗、早发棵、早封垄，这也是夺取高产的基础。定植后若天气干旱，应及时补浇缓苗水。缓苗后追 1 次提苗肥，每亩施用 7~10 千克磷酸二铵，促进秧苗发棵，但是施肥量要控制合理，防止施肥过多引起植株空长。缓苗后应及时进行 1 次中耕，以破除土壤板结，增加根系吸氧量，促进壮苗，预防徒长。

夏季气温较高，不下雨时沙壤土7天左右浇1次水。宜在傍晚时浇凉井水，可将田间温度下降到合适的水平，降温持续时间较长。但是要对浇水的时间进行选择，不可以在白天气温较高时浇水，防止高温时浇水田间温度很快回升，致使辣椒易发生病毒病等影响生长。浇水的原则是：开花结果前适当控制浇水，保持地面见干见湿；开花结果后，适当浇水，保持地面湿润。田间湿度要进行合理控制，太高和太低都会引起落花和落果，影响果实的生长和发育。在突降暴雨后及时做好田间排水工作，避免湿度过高；如天热时下雨，雨后应及时浇凉井水，俗称"涝浇园"，可降低地温，减少土壤中二氧化碳含量，增加氧气含量，有利于根系发育。若雨水太多，叶色发黄时，应及时在植株的叶面喷施磷酸二氢铵适量，并结合划锄放墒，提高植株的抗逆性。辣椒盛果期可以每亩结合浇水施用10~20千克的磷酸二氢铵或尿素。生长的前中期要及时进行中耕锄草培土，坐果后不宜中耕，以免发生病害。

秋分以后，气温逐渐降低，果实生长速度减慢，注意追施速效肥料，结合浇水每亩在叶面施用微量元素肥料或磷酸二氢铵的同时，配合施用尿素10千克，或者磷酸二铵15千克，促进后期果实发育。

越夏辣椒，门椒、对椒开花坐果期正值高温多雨季节，为防止因高温多雨引起落花落果，可在田间有 30% 的植株开花时，用 25~30 毫克/千克番茄灵处理，每 3~5 天处理 1 次，可以用小喷雾器手持喷花，或者用毛笔蘸取适量药液涂抹雌蕊柱头或花柄，但是要防止药液溅到茎叶上产生药害。8 月中旬以后气温降低，不再使用。据试验，花期喷 0.2% 磷酸二氢钾液也可产生明显效果。盛夏高温季节，气温较高，空气湿度低，土壤蒸发量也相应增大，为了避免土壤中水分迅速蒸发，可以在高温干旱季节来临之前，或封行之前，在辣椒畦表面覆盖一层农作物的秸秆或稻草，这样不但能降低土壤温度，减少地面水分蒸发，起到保水保肥的作用，还可防止杂草丛生。另外，夏、秋季易下雨，地面覆盖还可以在一定程度上减小雨水对菜畦表层土壤产生的冲击，防止土壤出现板结现象。辣椒地面覆盖厚度以 3~4 厘米为宜，太薄起不到覆盖效果，太厚不利于辣椒的通风，易引起落花和烂果。秋凉季节是辣椒高产的季节，辣椒的结果和分枝都很多，要合理利用这个时期提高辣椒产量。

5. 采收　门椒要及时采收，以免过度吸收养分，影响植株挂果，减少产量。甜椒一般是在青果时就要采收，而辣椒则是在果实质地坚硬，颜色深绿，光泽明显的时候开始采收。红果价钱高时也可采收部分红果。冬贮保鲜的，则必须采摘青果，以延长保鲜期，而且霜降前应一次采收。

(三) 南菜北运栽培技术

我国传统辣椒栽培方式是春季定植，夏季或秋季收获。在冬季和春季，我国大部分地区都不适合进行辣椒栽培，市场上鲜椒供应处于淡季。随着商品经济的发展、交通运输的方便和栽培技术的提高，近几年来，两广、云贵、海南等地的菜农利用当地冬季气温高，霜冻少，适于辣椒生长的有利条件，开展冬季辣椒生产，然后输送到全国市场，缓解了淡季鲜椒供应的紧张程度，也为种植户赢得了很好的经济效益，开辟了我国冬季辣椒种植产地。

1. **品种选择** 因辣椒生产是以集中栽培、外向型销售为特点，故应选择耐贮藏运输、产量高、品质优、商品外观漂亮的品种，而且辣椒是基地化、规模化生产，轮作条件有限，而气候条件一般又比较适宜，这也就加剧了病虫害的发生。所以在选择辣椒的栽培品种的时候，也要注意选择那些抗病性优良的品种。一般生产上使用范围较广的辣椒品种包括：宁椒 7 号、茂椒 4 号、查理皇、湘研 9 号、海丰 14 号、湘研 5 号、湘研 3 号、湘研 9401、新丰 5 号、9919、中椒 13 号、农丰 41 号等。甜椒品种有京甜 5 号、中椒 5 号、中椒 11 号等。

2. **播种育苗** 辣椒播种育苗之前，就要合理安排种植时间，一般要使苗期避开高温季节，特殊的地区如海南岛还要错开台风高发季节；初果期要避开"三九天"，盛果期要处于春节前后，以供应淡季市场。因此，一般于 8 月上中旬播种。苗床地要求精耕细作，营养土充足，并经过消毒处理。苗床周围应设排水沟，防止积水。每亩用种量为 50~80 克。

播前将种子浸泡 8 个小时，可促进种子出芽和出芽整齐。播种覆土后，再盖上一层稻草或遮阳网，以保持土壤湿润。播后应每天检查土壤是否湿润，土壤湿度不够要及时浇水，防止土壤发干和幼芽干枯。经过 4~6 天，幼苗即可出土 90%。幼苗出土后，应及时揭开稻草和遮阳网。由于 8 月份气温较高，要经常浇水，保持床土湿润，浇水应在早晨或傍晚进行，避开中午高温。为防土壤板结，要及时中耕除草。前期一般不要追肥，以苗床营养土养分为主，若发生缺肥时，可结合浇水，施入适量的氮磷钾三元复合肥 1~2 次，每 10 平方米的幼苗施用量为 100 克，浓度为 2‰~3‰。幼苗生长至 3~4 片真叶，即出苗后 20 天左右，分苗 1 次。分苗床幼苗要增加施肥次数，每隔5~7天追施1次，浓度与用量同播种床。苗期病害较少，主要是及时浇水防旱和喷洒杀虫剂防治蚜虫等害虫。

3. 土壤准备

（1）土壤选择　辣椒忌连作，选择前茬作物为水稻较为合适。刚开垦出来的土壤较贫瘠，大规模生产蔬菜，有机肥供应不能满足生产的需要。因此，要选择经过多年种植的熟土，其土壤肥沃，土质结构疏松，保肥、保水、散水性好，周边设有排水沟保证不积水，又要有灌溉抗旱的水源。

（2）整地做畦　定植前要施足基肥。整地必须精细，经两犁两耙后起土做畦，畦宽含沟0.9~1.2米，每畦定植2行，畦内行距30厘米左右，株距20~30厘米。

4. 定植　10月至11月上旬均可定植，以苗龄50天左右的幼苗较合适，栽植的密度可适当加大，株距20~30厘米，每亩栽植4000~6000株，促使辣椒集中挂果，以便集中供应。椒苗要带土移植，定植后浇足定根水，可保证成活率。

5. 田间管理

（1）及时除草中耕　由于两广、海南等省份一年四季气温较高，气候适宜，因此，杂草种子很少休眠，而且发生快，如不及时进行除草，可能会造成草荒，增加除草难度；由于杂草丛生，造成植株透气性差，生长瘦弱，病虫滋生，导致大规模病虫害发生。病虫害的药物防治效果不佳，茂盛的杂草往往成为病虫躲避药剂的场所，故每隔4~6天应进行1次除草，使杂草在萌芽状态时就被清除。结合除草要进行中耕，特别是雨后初晴，更应中耕松土，增加土壤的孔隙，防止板结。除草中耕一方面有利于氧气进入，有害气体散出；另一方面保证浇肥、浇水的顺利进行，肥水不致因土壤板结而流失，可大部分渗透、吸收供给根系。

（2）加强肥水管理　冬季栽培辣椒是以抢淡季、集中供应为特点，它要求辣椒在短期内供应市场，采收期比常规栽培应短。如果拉长采收期，虽然有较高的产量，但在5月份以后，全国各地大部分早熟辣椒已上市，此时海南、两广等省份的辣椒运送到北方，价格竞争力不强，从而失去栽种的意义。经过贮藏运输的辣椒商品性不如当地即采即卖的好，成本费用也较高，在5月份以后采收的这部分辣椒经济效益不是很好，故应加强肥水管理，促进植株生长发育，集中开花结果，促进果实快速膨大，争取在淡季供应市场，以获取较高的效益。

一般在缓苗后3天左右，在植株之间的行内开浅沟，撒施复合肥，每亩10千克，在开花之前沟埋2次，然后覆土浇水。老化弱小的幼苗，可用0.003%的九二〇淋蔸提苗，效果明显。植株开花坐果后及每次采收后，可用沟埋施肥的方法施复合肥和钾肥，供果实膨大和抽发新枝、开花、坐果，每亩每次施复合肥5千克，钾肥5千克。施肥时注意，不要将肥料弄到植株上和距离根际太近处，以防伤及叶和根。在植株封行后大量挂果时，沟施肥效果慢时，可进行叶面追肥，在无大风、阴天时喷施0.3%的磷酸二氢钾或叶面宝、喷施宝，也可一起混喷。两广、海南冬季雨水较少，气候干燥，土壤湿度低，应注意灌溉防旱，一般每隔4~6天灌1次跑马水，起到降温保湿、加速果实膨大的作用，灌水速度要快，即灌即排，水面不超过畦面。

6. 南菜北运栽培存在的问题　两广、海南等省份气候适宜，病虫周年繁殖，由于辣椒规模生产，轮作有限，使得病虫害易于发生、流行。经过多年生产的老基地，因辣椒效益好，许多菜农不惜加大施药量进行防治，不仅造成许多害虫天敌死亡，而且使病虫害抗药性增强。此外，农药更新换代的速度跟不上，于是菜农更加加大施药次数和浓度，不仅造成环境污染，而且杀死更多的天敌，病虫害抗药性更强，形成恶性循环。应对措施：在冬季辣椒生产基地建立专门的病虫害预测预报站，预测病虫害的发生动态和制定相应防治措施，统一行动；同时进行病虫害防治，防止病虫害转移危害，避免产生防治死角；尽量采用生物制剂；在病虫害发生的初期进行防治，要治理彻底，不留隐患；对于迁飞性害虫，可用人工诱杀的办法，如黑光灯诱蛾、黄板诱蚜进行防治。

（四）制干辣椒栽培技术

制干辣椒是以采收成熟果实，加工成干制品为目的而进行栽培的品种，主要是露地春栽和露地夏栽。制干辣椒主要栽培类型为朝天椒类型和线椒类型，朝天椒类型在我国栽培面积较大，并形成了其独特的栽培技术。下面以朝天椒为主，介绍其栽培技术。

1. 朝天椒生产中存在的误区

（1）自己多年留种，品种混杂退化　菜农多为一次性购种，自己多年留种种植，并且不进行株选，致使田间杂株率达30%以上，造成果形长短不齐，色泽不匀，病虫果也较多。改进措施：应选用日本栃木三樱椒、子弹头、天鹰椒、内椒1号和柘椒系列等品种。若自己留种，则应在拔秧前选择株型紧凑、结果多而集中、符合本品种典型性状的植株，株选最多可进行 2 年。

（2）大田栽培忽视摘心 朝天椒的产量主要集中在侧枝上，据测算，主茎上的产量约占 90%，而侧枝的产量约占 90%，主茎结果时，植株太小，既影响生长又影响结果。改进措施：当植株顶部出现花蕾时及时摘心，以限制主茎生长，增加果枝分枝数，提高单株结果率和单株产量。

2. **播种育苗** 春栽 2 月下旬至 3 月上旬播种育苗，夏栽 3 月下旬至 4 月上旬播种育苗，苗龄 60~70 天。每亩需种子 150~200 克，大多采用小拱棚育苗。每亩需备苗床 8~10 平方米。育苗技术可参考前述有关部分。注意春播的夜晚薄膜上要盖草苫，约盖至 3 月 25 日，以后只盖薄膜。如出苗过密，到 3~4 片叶时可分苗 1 次，1 穴双株分苗。

3. **定植**

（1）整地施肥 朝天椒对土质要求不严格，沙土、壤土、黏土均可种植，但以偏酸性的黏壤土和壤土比较适宜朝天椒的生长。种植地块应选择地势高燥、排水方便的肥沃生茬地。春栽朝天椒，前茬作物收获后，立即进行秋耕晒垡，土壤封冻前浇冻水，水量要大，以消灭土传病虫害。翌年春天在土壤解冻后，进行春耕并立即施入基肥，耕深 15 厘米左右，耕后反复耙地，以利于保墒。夏季接茬栽培的，要做到随收、随耙、随做畦，争取早定植。施肥应以底肥为主，追肥为辅；有机肥为主，化肥为辅。肥力较好的地块，每亩施充分腐熟的优质农家肥 3000 千克、碳酸氢铵 40 千克、过磷酸钙 50 千克、硫酸钾 30 千克；中等肥力的地块可每亩施农家肥 4000 千克、碳酸氢铵 50 千克、过磷酸钙 50 千克、硫酸钾 25 千克；肥力差的薄地可每亩施农家肥 5000 千克、碳酸氢铵 60 千克、过磷酸钙 50 千克、硫酸钾 20 千克。

（2）间作套种 朝天椒与其他作物的间作套种形式主要有以下

几种：

①春薯间作朝天椒。春薯 1.33~1.5 米 1 埂，甘薯的移栽时间、栽培密度同常规。埂中间栽 1 行朝天椒，株距 16.7 厘米，每亩可栽 2000 株左右，在基本不影响甘薯产量的情况下，产干椒 150 千克左右。

②西瓜间作朝天椒。西瓜 2 米 1 行，移栽时间与密度同常规。在西瓜行间套种 2 行朝天椒，行距 0.33 米，株距 16.7~26.6 厘米，每亩栽 2000 株左右，可收干椒 150 千克左右。

③甜瓜间作朝天椒。甜瓜 1.33 米 1 行，种植时间和密度同常规。在甜瓜行间套种 1 行朝天椒，株距 16.7 厘米，每亩栽 2000 棵左右，可收干椒 150 千克左右。

④朝天椒与大蒜套种。9 月中下旬在朝天椒行间套种大蒜，蒜的株距为 10 厘米，每亩可栽大蒜 2 万株，降霜以后，拔掉朝天椒，让蒜继续生长。翌年 4 月下旬，在大蒜行间套种朝天椒，株距 23 厘米，每亩栽 7000~8000 株，变 1 年 1 熟为 1 年 2 熟。

⑤幼龄经济林间作朝天椒。幼龄苹果、杜仲、梨、桑等均可间作朝天椒。根据树龄和遮阴程度，在大行里间作 3~4 行朝天椒，基本不影响经济林生长，每亩可增收朝天椒 100~150 千克。

⑥夏栽朝天椒与玉米间作。以 2.6 米为 1 带，种 7 行朝天椒，1 行玉米。朝天椒行距 30 厘米，株距 20 厘米，每亩 8974 株；玉米株距 20 厘米，每亩 1282 株。

（3）种植方式

①平畦作。畦南北向，畦宽 1.5~2 米，畦长 10~15 米，行距 50 厘米。

②高畦作。畦高 15~20 厘米，畦宽 70~80 厘米，沟宽 30~40 厘米，每畦 2 行。此法只在沟中浇水，多在地下水位高或排水不良地块采用，但盐碱地不宜采用。

③垄作。垄距50~60厘米，垄高15厘米，每垄栽2行。此法有利于加厚耕作层，且排灌方便，是目前主要的种植形式。

（4）定植 朝天椒10片真叶时移栽，春栽在4月中下旬，夏栽在5月中下旬至6月上旬。朝天椒植株直立，株型紧凑，合理密植是夺取高产的关键。要根据地力条件合理掌握栽植密度。肥力较差的地块每亩5000穴，10000株左右；肥力中等的地块，每亩定植4000穴，约8000株；肥力高的地块3000~3500穴，6000~7000株最为适宜。

宜选择在晴天15时以后或阴天进行定植。栽前1~2天浇1遍水，采取边起苗、边移栽的方式。平畦作栽植的，定植时先按40厘米行距开沟，沟深8~10厘米，苗栽在沟中，每畦栽3~4行，穴距33厘米；高畦作或垄作栽植，一般是刨坑移栽，穴距33厘米。定植后要立即浇活棵水。

4. 田间管理

（1）浇水 定植缓苗后，一般每5~7天浇1次水，保持地皮见干见湿；植株封垄后，田间郁闭，蒸发量小，可7~10天浇1次水。有雨时不浇，保持地皮湿润即可，雨后要及时排水。进入红果期，要减少或停止浇水，防止贪青，以促进果实转红，减少烂果。

（2）追肥 结果前结合浇水要追肥1次，每亩施尿素15千克。朝天椒在摘心后，进行第二次追肥，每亩施尿素或复合肥20~25千克。侧枝大量坐果后，进行第三次追肥。后期要控制追肥，特别是控制氮肥的用量，以防植株贪青，影响果实红熟。

（3）中耕培土 缓苗水后，地皮发干时要及时中耕松土，促进根系发育。浇水和降雨后要及时中耕，以防土壤板结。封垄以后不再进行中耕。整个生育期一般需要中耕松土5~6次。结合中耕还要进行培土，共培2~3次，以维护植株，促进不定根的发生。

5. 采收和晾晒 朝天椒果实红熟的标准是：色泽深红，果皮皱缩，触摸时发软。采收的方法是充分红熟 1 批采收 1 批。在降霜或拔秧前青果尚多时，可在采收前 7~10 天用 1000 倍乙烯利溶液喷洒，有利于辣椒的催红，可大大提高红果率。

采收后要及时晾晒，防止出现霉变。晴天采后最好放到水泥晒场铺放的干草帘上晾晒，一般昼晒夜收。晒过 4~5 天后，再放到架空的干草帘上晾晒 1 天，以实现充分干燥，含水量在 14%以下为宜。

6. 制干辣椒易出现的生产问题　干辣椒生产近收获期或晾干后，出现褪色个体称"虎皮病"。"虎皮病"的症状分 4 种情况：一是一侧变白，变白部分界限不明显，内部不变白或稍带黄色，无霉层；二是微红斑果，病果生有褪色斑，斑上稍发红，果内没有霉层；三是橙黄花斑果，干辣椒表面呈斑驳状橙黄色花斑，病斑中有的有小黑点，果实内生有黑灰色霉层；四是黑色霉斑果，干辣椒表面具有稍变黄色的斑点，其上生有黑色污斑，果实内有时会见到黑灰色霉层。造成"虎皮病"的原因既有生理原因，也有病理原因。大多是因为在室外贮藏期间，夜间湿度大或有露水，白天日光强烈，在强光下不利于色素的保持。另外，炭疽病或果腐病也能引起"虎皮病"。

预防辣椒"虎皮病"，应从以下几个方面采取措施：

①选用抗炭疽病的辣椒品种。

②加强对炭疽病、果腐病的防治。

③选用成熟期较集中的品种，以减少果实在田间暴露的时间。

④及时采收成熟的果实，避免在田间淋雨、着露及暴晒。

⑤利用烘干设备，及时烘干。

三、辣椒常见病害及防治技术

（一）真菌性病害防治措施

①选用相应的抗病品种。

②培育无病适龄壮苗。

③辣椒地不能重茬、迎茬，要与非茄科蔬菜进行 2 年以上轮作，可采用菜粮或菜豆轮作。保护地应建在地势较高，灌溉水充足、方便，易于排水的地方，北面最好邻近山坡或有高大建筑，南面无建筑物或树木遮阴。

④前茬收获后及时清洁田园，深耕土地，精细整地，施用充分腐熟的有机肥作为基肥，适当增施磷、钾肥。

⑤因地制宜采用地膜高垄，大垄双行栽培，滴灌、管灌等节水技术，棚膜最好采用聚氯乙烯无滴膜。适时移栽，合理密植，增强通风透光，可促进植株健壮生长，增强抗病力，同时也是高产栽培的重要措施，具体移栽时间应避免中后期有病害发生的环境条件。定植时尽量减少对幼苗根部的损伤。

⑥定植后应及时封行，初期可加扣小拱棚，适当控制灌水，以利于前期提高土温，促根壮秧，增强植株对病害的抵抗力。

⑦加强田间管理，及时清除残枝落叶、病果。注意防止农事操作时的接触传播。合理灌溉，要小水勤灌，避免大水漫灌，灌水后及时中耕松土，增强土壤通透性，促进根部伤口愈合和根系发育。进入枝叶及果实生长旺盛期、促秧攻果、返秧、防衰 4 次肥水不可少。大棚等保护地合理放风、排出废气、降低温度、控制湿度，可减轻发病，防止落叶、落花、落果，花期灌水切忌在高温条件下进

行。干旱严重时，应尽量在低温时浇灌。结合追肥及时中耕培土，防止倒伏，创造不利于病害发生的环境，全生育期喷施叶面肥2~4次，补充微肥，提高植株抗病性。注意暴雨后及时排出积水。

⑧扑海因、代森锰锌、多菌灵、百菌清、克露、瑞毒霉锰锌等杀菌剂对绝大多数真菌性病害都具有一定效果，可以酌情使用。

（二）细菌性病害防治措施

细菌性青枯病防治方法：

（1）栽培防治　重病田与十字花科或禾本科非寄主作物实行3年以上轮作，禁止茄科作物相互接茬种植。根据抗病性鉴定结果，选用适合当地的抗病、轻病品种。提倡营养钵或营养块育苗，以培养壮苗，减少伤根。要合理灌溉，降低土壤湿度。酸性土壤可结合整地施基肥，每亩施熟石灰粉100千克，调节为微碱性。零星发病田要拔除病株，病穴灌2%福尔马林（甲醛）溶液或20%石灰水消毒。

（2）药剂防治　在显症始期适时喷淋72%农用链霉素可溶性粉剂4000倍液、14%络氨铜水剂300倍液、50%琥胶肥酸铜（DT）可湿性粉剂500倍液、77%可杀得可湿性微粉剂500倍液等，每7~8天喷1次，连喷3~4次。还可用上述药剂灌根，每穴灌药液250~500毫升，隔10~15天灌1次，连灌2~3次。

（三）病毒病害防治方法

防治辣椒病毒病害应因地制宜，采取以种植抗病、耐病品种，栽培防病和喷药防蚜等为主要环节的综合措施。

1. 实行检疫　番茄斑萎病毒已被列为全国农业植物检疫性有害生物，辣椒是其重要寄主，应行检疫。

2. 选用抗病、耐病品种　各地已选出一批抗病、耐病的品种

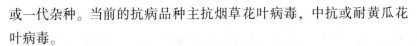

或一代杂种。当前的抗病品种主抗烟草花叶病毒，中抗或耐黄瓜花叶病毒。

3. 种子处理 种子先用清水浸种几小时，再用10%磷酸三钠溶液浸20~30分钟，清水淘洗干净后再催芽或直接播种。此法可减少污染种子的烟草花叶病毒。

4. 栽培防病 避免寄主作物连作、间作和套作，清除棚室内外病残体和杂草，防治棚室周围露地蔬菜和其他作物的蚜虫。适期播种，使苗期或结果期避开蚜虫迁移高峰期。净土育苗，培育壮苗，增施磷、钾肥，小水勤浇，避免缺肥缺水。幼苗期遇高温干旱，要及时浇水增墒降温，并覆盖黑色遮阳网，以降低地温和防蚜。农事操作先健株后病株，以减少传毒。操作前和接触病株后用肥皂水洗手。

5. 药剂防治 现已有几种市售病毒抑制剂或钝化剂，可供使用。病毒A通过抑制核酸和脂蛋白的合成而起到抗病毒的作用。发病初期，喷施20%病毒A可湿性粉剂500倍液，隔7天喷1次，共喷3次，有明显防效，可使病株恢复。也可喷15%植病灵乳油1000倍液或1%抗毒剂1号水剂200~300倍液。另外，在幼苗期和成株期还可分别喷施1~2次NS-83增抗剂200倍液，以增强辣椒的抗病性。

(四) 生理性病害防治措施

1. 防止沤根 育苗床土温度控制在12℃以上。播种时一次浇足底水，低温下控制苗床湿度。增加光照，适量通风，加强炼苗。出现轻微沤根时，要提高床温，及时松土。

2. 覆盖地膜 用地膜覆盖可保持土壤水分相对稳定，并能减少土壤中钙质等养分的流失。

3. 合理密植和间作 大垄双行密植，可使植株相互遮阴，减少阳光下的果实暴露。与玉米、高粱等高秆作物间作，利用高秆作物遮阴，减轻日烧的危害，还可改善田间小气候，增加空气湿度，减轻干热风的危害。

4. 适时合理灌水　结果后及时均匀浇水防止高温危害，结果盛期以后，应小水勤灌。特别是黏性土壤，应防止浇水过多而造成的缺氧性干旱。

5. 根外追肥　在着果后喷洒 1% 过磷酸钙、0.1% 氯化钙或 0.1% 硝酸钙溶液等，可提高植株的抗病能力。隔 7~10 天 1 次，连续喷 2~3 次。

6. 使用遮阳网　可覆盖黑色遮阳网，减弱强光照射造成的危害。

7. 其他措施　在治理的同时，及时防治其他病害，避免早期落叶。

四、辣椒常见虫害及防治技术

辣椒的虫害主要有白粉虱、棉铃虫、烟青虫、茶黄螨、蚜虫、小地老虎、蝼蛄、蛴螬、红蜘蛛等十几种。现列举几种常见害虫及其防治措施。

（一）烟青虫和棉铃虫

烟青虫是烟夜蛾的幼虫，它与棉铃虫在形态和习性上都很相似，两者均属鳞翅目夜蛾科，分布广泛，食性很杂，多混合发生。烟青虫的寄主主要有辣椒、烟草、麻类、玉米、高粱等。棉铃虫是棉花的大害虫，近年来危害蔬菜也很严重。这两种虫以幼虫蛀食果实为主，也食害花、蕾、芽、叶和嫩茎。辣椒受害严重时，产量损失可达 30% 以上。

1. 形态识别

（1）烟青虫　成虫体长 13~17 毫米，翅展 25~28 毫米，全体灰黄色或黄褐色，前翅有暗褐色波状横线纹 4 条，分别是内横线、中横线、外横线和亚外缘线，以后两线最明显，亚外缘线为宽带。

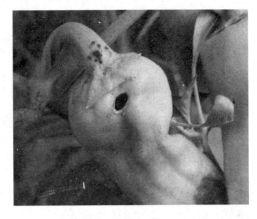

内、中横线间有一褐色环斑，中横线外方有一灰褐色肾状斑。前翅上各种斑、线轮廓均较清晰。后翅灰褐色，外缘有褐色宽带，其内侧中部有 1 条黑褐色横纹。

卵直径约 0.5 毫米，高 0.4~0.5 毫米，半球形，稍扁，底部平。表面有网状花纹，卵孔明显。

老熟幼虫体长 30~40 毫米，圆筒形。头部黄褐色，体色变化较大，有淡绿、淡红、红褐乃至黑紫色，常见绿色型和红褐色型两种。背部纵线色深，气门多褐色，体表布满短而钝的小刺，每体节有刚毛 12 根。幼虫全身蛀入果内，果表仅留有 1 个蛀孔（虫眼），果肉和胎座被取食，残留果皮，果内堆满虫粪和蜕皮。虫蛀果易腐烂和脱落。

蛹体长 15~18 毫米，黄绿色至黄褐色。腹部第五至第七节有 7~8 排半圆形刻点。腹部末端较圆，着生 2 个小突起，每个突起上有 1 根尖端略曲的长刺。

（2）棉铃虫　棉铃虫成虫是黄褐色（雌）或灰绿色（雄）的蛾子，体长 14~18 毫米，翅展 30~38 毫米。前翅基线不清晰。内横线双线，褐色，锯齿形。环形斑褐边，中央有 1 个褐点。肾形斑褐边，中央有 1 个深褐色的肾形斑点。中横线褐色，略呈波浪形。外横线双线，亚外缘线褐色，锯齿形，两线间为一褐色宽带。外缘各脉间有小黑点。后翅灰白色，沿外缘有黑褐色宽带，宽带中央有 2 个相连的白斑。

卵半球形，直径 0.44 毫米，高 0.51 毫米，表面有纵横隆纹，交织成长方格。初产时白色。幼虫共 6 龄，老熟幼虫体长 40~45 毫米。体色多变，有淡红色、黄白色、淡绿色、墨绿色等多种类型，还有的体色为黄绿色、暗紫色与黄白色相间。头部黄绿色，生有不规则的网状纹。气门线白色或黄白色，体背面有 10 余条细纵线，各体节上有毛瘤 12 个，刚毛较长。

蛹体长 17~20 毫米，纺锤形，赤褐色，腹部第五至第七节各节前缘密布环状刻点，末端有臀棘 2 个。棉铃虫与烟青虫的重要区别有：成虫体形稍大，雄蛾灰绿色，前翅斑纹较模糊，横纹较斜。后翅宽带内侧无横纹，翅脉黑褐色。卵乳白色，半球形，稍高，卵孔不明显。幼虫体壁粗厚，体表小刺长而尖。蛹体气门大而突起。

2. 防治方法

（1）栽培防治　清洁田园，及时清除残株败叶，结合冬耕、冬灌及其他耕作措施，杀灭土层内越冬虫蛹或破坏其越冬生境。大面积椒田，可种植烟草诱集带，即每隔数行辣椒，种植 1 行烟草，诱使烟青虫在烟草上集中产卵，便于消灭。南方早熟辣椒地种植烟草诱集带，诱集越冬代成虫产卵的效果显著。菜地周围适当种植玉米，引诱棉铃虫产卵，并及时摘除毁掉。结合田间管理，可锄地灭蛹或培土闷蛹，人工摘除卵块，扑杀初孵幼虫，摘除受害果实等。

（2）诱杀成虫　利用黑光灯、高压汞灯、杨树或柳树枝把、糖醋液、雌虫性诱剂等诱蛾。黑光灯可用 20 瓦或 40 瓦的，每 40~50 亩地设置 1 盏灯。杨树或柳树枝条先剪成 66 厘米（2 尺）长，每 5~10 根捆成 1 把，基部一端绑 1 根木棍，插入椒田。树枝把应高出作物 20 厘米左右。通常每亩地插入 10 把，每 4~5 天换 1 次树枝把。

早晨露水未干时，用塑料袋套住树枝把，收取成虫并杀死。缺乏杨、柳树枝时，也可用枫树、刺槐、紫穗槐、榆树、洋槐、臭椿的树枝代替。也可利用成虫的趋化性，在成虫数量开始上升时，用糖醋液诱杀成虫。

（3）药剂防治　在当地危害世代的卵孵化盛期至2龄幼虫期喷药，将幼虫消灭在蛀果之前。也有的地方根据虫情监测，在成虫产卵高峰期后3天施药。可供选用的普通杀虫剂有80%美曲膦酯（敌百虫）可溶性粉剂1000~1500倍液，40%乐果乳油1000~1500倍液，50%辛硫磷乳油1000~1500倍液，2.5%溴氰菊酯（敌杀死）乳油3000~4000倍液，20%氰戊菊酯乳油2000~3000倍液，2.5%功夫乳油3000~4000倍液，2.5%天王星乳油3000倍液，52.25%农地乐（毒死蜱、氯氰菊酯）乳油2500~3000倍液，3%莫比朗乳油1000~2000倍液等。有机磷药剂、菊酯类药剂宜与其他类型药剂交替使用，以延缓害虫抗药性的产生。对已产生抗药性的，可采用昆虫生长调节剂、抗生素、细菌杀虫剂以及新品种药剂防治。施药日期与采收重叠，应先采收，后施药，以避免果实带药上市。农地乐是广谱性杀虫剂，瓜类（特别在大棚中）、莴苣苗期较敏感，请慎用。

昆虫生长调节剂可用5%卡死克（氟虫脲）乳油1000~2000倍液，5%抑太保（定虫隆）乳油1000~2000倍液，5%农梦特（氟苯脲）乳油1000~2000倍液以及其他药剂。

（4）生物防治　防治3龄前幼虫可用苏云金杆菌（Bt）制剂，每亩用药200~300克。在冬春大棚棉铃虫产卵高峰后4~6天，可连续喷施2次。在产卵高峰期还可施用棉铃虫核多角体病毒制剂（20亿PIB/克）1000倍液。上述生物防治制剂需在阴天或晴天的早、晚喷药，不能在高温、强光条件下喷药。大面积辣椒产区，也可在成虫产卵始、盛期释放人工饲养的赤眼蜂。

（二）温室白粉虱和烟粉虱

温室白粉虱又称温室粉虱、白粉虱等，属同翅目粉虱科。成虫和若虫吸食叶片和果实汁液，受害叶变黄、萎蔫而死亡。温室白粉虱还传播多种植物病毒。该虫食性极杂，危害 653 种植物。自 20 世纪 70 年代传入我国以来，已成为北方地区蔬菜和观赏植物的重要害虫。烟粉虱传入我国较晚，但蔓延很快，有些地方已经取代了温室白粉虱，成为棚室蔬菜主要的害虫，危害棚室辣椒，使叶片黄化、皱缩，造成大量落花、落果。

1. 形态识别 温室白粉虱各虫态的形态特征如下。

（1）成虫 体长 1~1.2 毫米，身体淡黄色至黄色，翅膀正反面覆盖一层白色蜡粉。触角丝状，6 节，复眼哑铃状，口针细长。腹部第一节细缩成柄状，腹末尖削。前后翅各有 1 条翅脉，前翅脉有分叉。雌性休息时两翅合拢平铺于体背，腹部末端有 1 个三裂的产卵器。雄性休息时两翅合拢成屋脊状盖在腹背，腹末有一钳状生殖器。当与其他粉虱混合发生时多分布于高位嫩叶。

（2）卵 长 0.2~0.25 毫米，宽 0.08~0.1 毫米，长椭圆形，基部有短柄。初产时淡灰绿色，孵化前黑褐色，可见两红色眼点。成虫在叶片上以吸食点为圆心，转动身体产卵，排列成半圆形或圆形，但在多毛叶片上卵散产。

（3）若虫 椭圆球形，扁平，淡黄色或淡绿色，透明，蜕皮前身体隆起，透明度减弱。体表生长短不齐的丝状蜡质突起，周缘的蜡丝较长，尾端的 2 根蜡丝最长。末龄若虫体长 0.72~0.76 毫米，宽（厚）0.44~0.48 毫米。

（4）蛹壳 蛹白色至淡绿色，半透明，体长 0.7~0.8 毫米，椭球形，较扁平。蛹壳边缘厚，蛋糕状，周缘排列有均匀发亮的细小蜡丝，体背有放射状长短不等的蜡丝 9~11 对，随着虫体的隆起，身体周围形成一垂直叶面的蜡壁，壁表面有许多纵向的皱褶。蛹壳内实际上是 4 龄若虫，成熟后冲破蛹壳下面的皿状孔飞出。

烟粉虱与温室白粉虱形态相似，常混合发生。烟粉虱成虫微小，虫体淡黄白色至白色，前翅脉 1 条不分叉，左右翅合拢呈屋脊状。卵散产，卵在孵化前呈琥珀色，不变黑。蛹淡绿色或黄色，蛹壳边缘扁薄或自然下陷，无周缘蜡丝。胸气门和尾气门外常有蜡缘饰，在胸气门处呈左右对称，蛹背蜡丝有无常随寄主而异。

2. 防治方法

（1）栽培防治　发生虫害地区要及时清理和销毁各种寄主植物残体，铲除田间和温室内外的杂草，以减少虫源。要避免白粉虱喜食的蔬菜接茬混栽，棚室秋冬茬最好栽植白粉虱不喜食的芹菜、油菜、韭菜等蔬菜。培育无虫秧苗，选择无虫棚室育苗，或在育苗前彻底熏杀残余虫口。应将育苗棚室与生产棚室分开，通风口用纱网密封，严防虫体飞入育苗棚室。棚室周围不种植白粉虱喜食的蔬菜，以减少成虫迁入棚室的机会。

（2）黄板诱虫　可利用白粉虱的趋黄习性，将黄色板涂上机油，置于棚室内，诱杀成虫。黄板可用废旧纤维板或硬纸板裁成 1 米×0.2 米的长条，用油漆涂成橘黄色，再涂上一层黏油（可用 10 号机油加少许黄油调匀）制成。每亩地设置 30 余块黄板，插在行间，与植株高度相同，间隔 7~10 天。在粉虱粘满板面时，要及时重涂黏油。注意不要将油滴在植株上，以免造成烧伤。

（3）药剂防治　在点片发生阶段开始喷药。先可局部施药，要注意使植株中上部叶片背面着药，因该虫发生不整齐，必须连续几次施药。供选药剂有 10% 扑虱灵（噻嗪酮）乳油 1000 倍液（该药对粉虱有特效，持效期长，对天敌安全），25% 扑虱灵（噻嗪酮）可湿性粉剂 1500~2000 倍液，2.5% 天王星（联苯菊酯）乳油 2000~3000 倍液，21% 增效氰马（灭杀毙）乳油 4000 倍液，2.5% 功夫（三氯氟氰菊酯）乳油 3000 倍液，20%灭扫利（甲氰菊酯）乳油 2000~3000 倍液，2.5%敌杀死（溴氰菊酯）乳油 2000~3000 倍液，20%氰戊菊酯乳油 2000~3000 倍液，3%莫比朗（啶虫脒）乳油 1000~2000 倍液，20%康福多浓可溶剂 2000~3000 倍液，10%吡虫啉可湿性粉剂 2000 倍液，25%阿克泰水分散粒剂 5000~6000 倍液，50%辛硫磷乳油 1000 倍液，50%马拉硫磷乳油 1000 倍液，50%爱乐散（稻丰散）乳油 1000 倍液，50%敌敌畏乳油 1000 倍液，58%阿维柴乳油 3000~4000 倍液，26%吡·敌畏乳油 750~1000 倍液，1.8%阿维菌素乳油 2000~3000 倍液，或 40%阿维·敌畏乳油（绿菜宝）1000 倍液等。

在上述药剂中，辛硫磷、马拉硫磷、爱乐散、敌敌畏等为有机磷杀虫剂，联苯菊酯、增效氰马、三氯氟氰菊酯、甲氰菊酯、溴氰菊酯、氰戊菊酯等为菊酯类杀虫剂，吡虫啉、啶虫脒等为新烟碱类杀虫剂（此类杀虫剂还有噻虫嗪），噻嗪酮是噻二嗪类几丁质合成抑制剂，阿维菌素为抗生素。阿克泰（噻虫嗪）具有良好的胃毒、触杀活性和内吸传导性，持效期长。温室白粉虱和烟粉虱对包括昆虫生长调节剂在内的各类杀虫剂，都已产生了不同程度的抗药性，在药剂防治时应限制杀虫剂的使用次数，在作物的不同生长期轮换使用有效成分不同的杀虫剂。

冬季温室防治还可采用敌敌畏熏烟法施药。傍晚密闭温室，在花盆内放置锯末，洒上敌敌畏乳油，再放上几个烧红的煤球，点燃熏烟，每亩用 80%敌敌畏乳油 0.3~0.4 千克。也可将 80%敌敌畏乳油药瓶瓶口扎个小孔，倒挂起来，使药液一滴一滴地漏出，利用其熏蒸作用杀虫。每亩还可用 80%敌敌畏乳油 150 毫升，对水 1 升稀释后，喷拌干锯木屑 3 千克，均匀撒于行间，然后密封棚室，熏蒸 1~1.5 小时，温度应控制在 30℃左右（有的地方每亩用 80%敌敌畏乳油 150 毫升，对水 3~5 升稀释后，喷拌干锯木屑 20 千克，傍晚均匀撒于辣椒行间，然后闭棚熏蒸）。还可用22%敌敌畏烟剂熏烟，每次每公顷用药 7.5 千克。用 17%蚜虱螨一号烟剂点燃烟熏，每次每亩用药 300~400 克，对烟粉虱成虫和初孵若虫有较好的防效。

（4）生物防治 丽蚜小蜂寄生温室白粉虱的若虫和蛹，寄生后 9~10 天，虫体变黑死亡。人工释放丽蚜小蜂防治白粉虱，已用于温室番茄。草蛉和小花蝽对温室白粉虱的捕食能力较强，可人工助迁，引进温室。

（三）蚜虫

危害辣椒的蚜虫有桃蚜、瓜蚜等多种，均属同翅目蚜科。蚜虫的成虫和若虫群集在叶片和嫩茎上，吸食植株体内的汁液，使植株生育不良。蚜虫危害叶片时，多在叶片背面分散危害，严重时叶片变黄、皱缩。还可在叶片上分泌蜜露，使之有油质感，并诱发霉污病。蚜虫能传播黄瓜花叶病毒、马铃薯 Y 病毒、烟草蚀纹病毒等多种重要病毒，造成更大的危害。

1. 形态识别 在自然条件下，蚜虫生活史很复杂，有多个虫态。但是，在棚室和露地蔬菜上最常见的虫态是有翅胎生雌蚜、无翅胎生雌蚜及其若蚜。

有翅胎生雌蚜体长约 2 毫米，有翅。头部和胸部黑色，腹部淡绿色，背面有淡黑色斑纹。腹部第一节有 1 横行零星狭小横斑，第二节有 1 条背中窄横带，腹节第三至第六节各横带汇合为 1 个背中大斑。第七至第八节各有 1 条背中横带。复眼红褐色，额瘤发达，向内倾斜，触角比身体稍短，仅第三节有 9~17 个感觉圈，排成 1 列。腹管深绿色，长圆柱形，末端缢缩。腹管长度为尾片的 2 倍以上。尾片大，圆锥形，每侧有 3 根刚毛。

辣椒蚜虫无翅胎生雌蚜体长约 2 毫米，卵圆形，无翅。全体绿色，有时为黄色或樱红色，触角第三节无感觉圈。额瘤和腹管特征与有翅胎生雌蚜相同。

2. 防治方法　防治桃蚜和侨居辣椒田的其他蚜虫，除能减少其直接危害，还是防治病毒病害的重要措施，意义重大。防治辣椒蚜虫可采取以下措施。

（1）栽培防治　根据当地蚜虫发生情况，合理确定定植时期，避开蚜虫迁飞传毒高峰。提倡辣椒与玉米、架菜豆等高秆作物间作，降低蚜虫传毒概率。蔬菜收获后及时清理田间残株败叶，铲除杂草。

（2）物理防治　设置黄板诱蚜和银膜避蚜。黄板诱蚜的具体方法参见温室白粉虱。还可在距地面 20 厘米处架设黄色盆，内装 0.1%肥皂水或洗衣粉水，诱杀蚜虫。银膜避蚜是播种前在苗床上方 30~50 厘米处挂银灰色薄膜条，苗床四周铺 15 厘米宽的银灰色薄膜，使蚜虫忌避。定植时，畦面用银灰膜覆盖。在大棚周围挂银灰色薄膜条（10~15 厘米宽）。还可利用银灰色遮阳网、防虫网覆盖栽培。

（3）药剂防治　防治蚜虫的药剂很多，应首先选用对天敌安全的杀虫剂，以保护天敌。蚜虫多集聚在心叶或叶背，喷药力求周到，最好选择兼具触杀、内吸、熏蒸作用的药剂。50%抗蚜威可湿性粉剂 2000~3000 倍液喷雾，效果好，不会伤害天敌。气温高于 20℃，抗蚜威熏蒸作用明显，杀虫效果更好。抗蚜威对瓜蚜效果较差，不宜选用。

此外，还可选用 2.5%天王星乳油 2000~3000 倍液，2.5%功夫乳油 3000 倍液，20%灭扫利乳油 3000 倍液，20%氰戊菊酯乳油 3000 倍液，21%增效氰马乳油 5000 倍液，10%吡虫啉可湿性粉剂 2500 倍液，20%康福多浓可溶剂 3000~4000 倍液，70%艾美乐（吡虫啉）水分散粒剂 8000~10000 倍液，25%阿克泰水分散粒剂 5000~6000 倍液，1%印楝素水剂 800~1200 倍液，20%苦参碱可湿性粉剂 2000 倍液，1%阿维菌素乳油 1500~2000 倍液，0.5%藜芦碱醇溶液 800~

1000 倍液，3%莫比朗（啶虫脒）乳油 1000~2000 倍液或 10%多来宝悬浮剂 1500~2000 倍液喷雾。要注意同一类药剂不要长期单一使用，以防蚜虫产生抗药性。

棚室可喷施 5%灭蚜粉尘剂，每次每亩用药 0.8~1 千克。敌敌畏熏烟法每亩用 80%敌敌畏乳油 0.25 千克熏烟，于傍晚加适量锯末暗火点燃，闭棚至翌日早晨。22%敌敌畏烟剂（棚虫净）每次每亩用药 300~400 克，10%氰戊菊酯烟剂每次每亩用药 500 克，20%灭蚜烟雾剂每次每亩用药 400~500 克。

第四节　韭　菜

一、品种选择

应该选择植株粗壮，韭薹粗长，叶片肥厚，纤维量少，分蘖力强的兼用或者专用型薹韭品种。生产上常用的品种有中华薹韭王、寿光薹韭 1 号、寿光薹韭 2 号、徐州四季薹韭、平韭 4 号、平丰 6 号、赛松、平丰 8 号等。可以根据当地气候条件及栽培模式，选择合适的品种。

二、韭菜种植技术

选择苗床时应注意透气性是否良好，土壤是否肥沃等问题，前茬没有韭、葱、蒜等百合科作物，以避免连作引起病虫危害，保证苗全苗壮。育苗前先用风飘、水浮等方法对种子进行精选，去除秕、残种。播前4~5天将优选的种子放在55℃温水中浸种15分钟，杀灭附在种子表面的虫卵以及病原菌，然后放入40℃的温水中，浸泡24小时后取出沥干水，放在15~20℃环境下催芽2~3天，当有80%的胚露白芽时即可播于苗床。苗床要施足基肥，一般每亩施充分腐熟的优质厩肥5000千克左右，磷酸二铵15千克。

栽培薹韭时可以使用育苗或者直播的方式，但是常用的是育苗移栽的方式。育苗可以提高土地的利用率，并便于育出健壮整齐的幼苗。不论育苗或直播，当春天地温稳定超过10℃时即可播种。育苗时可采用宽幅条播的方式，每亩育苗床用种量3~3.5千克（可移栽到6670~10000平方米大田）。在直播的时候每亩使用种子0.5千克。直播前将底水浇透，水渗后撒种，然后覆盖1~1.5厘米厚的细土。要注意经常保持苗床或直播大田的土壤湿润，防止干湿不均影响苗齐苗壮。也可于播种后覆盖地膜，增温保湿。出苗后及时去掉地膜，做好苗床管理工作（浇水、施肥、间苗、除草等），雨水过后应该及时排水，并可在出苗后20天时追施1次腐熟的稀人粪尿。人工除草应进行2~3次。也可在播种后、出芽前进行化学除草。当出现韭蛆、蓟马等虫害时，可每亩冲施0.5~1千克敌百虫（美曲膦酯）粉进行防治。

三、韭菜病虫草害防治

（一）主要病害及其综合防治

1. 韭菜灰霉病

（1）症状特点 韭菜灰霉病又被叫作韭菜白斑叶枯病，该病主要是对叶片产生侵害。初发病时，被害叶片上出现白色至浅灰褐色的小点，一般正面多于背面，后随着病情的发展，斑点逐渐扩大，并相互融合成椭圆形眼状菱形大斑，直至半叶或全叶腐烂。湿度大的时候，病斑密集生成灰褐色茸毛状的霉层或者霉烂、发黑、发黏。刀割的茬口位置容易染病，染病后向下腐烂，初呈水浸状淡绿色病斑，形状呈半圆形或"V"字形，后病组织呈黄褐色，表面有灰褐至灰绿色茸毛状霉层。除常见的上述湿病型症状，本病在叶片上还可表现为干尖型以及白点型症状，这些症状比较不常见，偶尔会在天气干燥的时候出现。

（2）防治方法 灰霉病病菌是极易产生抗药性的病原菌，常规农药，如甲基托布津、克菌丹等对灰霉病的防治效果很不稳定。为此，应采取综合防治措施。

①选择抗病品种。抗病品种有791雪韭、平韭2号、平韭4号、平韭6号以及中韭2号等。

②加强田间管理。一是注意合理浇水，防止土壤湿度过大；二是在每次收割后，可在畦面上撒上一层薄的草木灰，不仅能增温吸湿，还能增加土壤中钾肥的含量，增强植株的抗病力，有利于植株健康生长；三是若棚室栽培应注意棚内的通风排湿，减少叶面结露；四是每次对清理下来的病叶、老叶等要集中深埋，以避免再侵染菌源；五是收割后应及时追施1次以磷、钾为主的复合肥，不可使用

过量的氮肥。

③烟熏防治。每亩用3%噻菌灵烟剂350克，或5%灭霉灵粉尘剂1千克，或10%速克灵烟剂250克，分放6~8个点，用暗火烟熏3~4小时，连熏5~6次。

④化学防治。目前有较好的防治效果的药剂包括90%灰霉灵500倍液，50%速克灵可湿性粉剂1000~1500倍液，50%异菌脲可湿性粉剂1000~1600倍液或者65%硫菌·霉威可湿性粉剂1000倍液或者50%扑海因可湿性粉剂1000~1500倍液喷雾。药剂防治可重点防治新叶及周围土壤的病菌，一般每隔7~10天喷1次，连喷2~3次。

2. 韭菜菌核病

（1）症状特点　韭菜菌核病又被叫作白腐病、白绢病，该病危害区域是韭菜的叶片、叶鞘和"假茎"。病部变褐、湿腐状，终致植株枯死。病部为棉絮状菌丝所缠绕，并着生由菌丝纠结而成的菜籽状小菌核。幼嫩菌核乳白色或黄白色，老熟菌核茶褐色，易脱落。

（2）防治方法　防治韭菜菌核病的时候，首先要加强栽培管理（肥水管理），其次是及早喷药预防。

①消除菌源。播种前将种子过筛，尽量除去小菌核，田间部分植株开始发病时，要连根拔除病株销毁，甚至可将病株穴内的土壤

取出，并在病株穴内及其附近浇泼药剂杀菌。

②创造适合韭菜发育、不容易产生病害的栽培环境。勤施肥，每次施肥量要少，避免偏施、过施氮肥。定期喷施富含微肥的叶面营养剂。

③及时喷药，预防病害。于每次割韭后至新株抽生期开始喷药预防。药剂可选用5%井冈霉素水剂400~500倍液，或60%防霉宝超微可湿性粉剂600倍液，或50%菌核剂可湿性粉剂800~1000倍液，或50%扑海因可湿性粉剂1000~1500倍液，或20%氟纹胺可湿性粉剂800~1000倍液或50%速克灵可湿性粉剂2000倍液。共喷2~3次或更多，每隔7~15天1次，上述农药可交替施用，着重喷植株基部及地表部。

3. 韭菜锈病　该病主要危害韭菜叶片，使叶片密集地生长出锈褐色的粉斑，满布锈粉，导致叶片无法食用。

韭菜锈病的防治方法主要为以下几个方面：

①选用抗病品种，因地制宜选用抗病品种。

②注意避免偏施氮肥以及浇水过度现象，为了增加植株的抗性，适时地喷施叶面营养剂。

③化学防治。发病初期，用15%粉锈宁可湿性粉剂800~1000倍液，或65%代森锰锌可湿性粉剂500倍液，或20%石硫合剂150~200倍液，或30%氢氧化铜+75%百菌清（1：1，即混即喷）600~800倍液，或50%超微硫黄悬浮剂200~300倍液，或16%三唑酮可湿性粉剂1600倍液，每隔7~10天喷1次，连喷3~4次，交替喷施，喷匀喷足。

(二) 主要虫害及其综合防治

1. 韭蛆　韭蛆属于双翅目花蝇科，是危害韭菜的一种主要害虫，别名地蛆、根蛆，危害豆类、瓜类、葱蒜类以及十字花科蔬菜，可对韭菜的生产造成毁灭性伤害。

（1）形态特征　韭蛆幼虫乳黄色，体长 2~4.5 毫米，尾段有 7 对肉质突起。蛹为黄褐色，长 4~5 毫米。成虫前翅基背毛极短小。雄蝇两复眼间额带最窄部分比中单眼窄，后足胫节内下方的中央部位有稀疏的成列的差不多等长的短毛。雌蝇中足胫节的上部有 2 根刚毛。卵椭圆形，乳白色。韭蛆主要危害韭菜的根茎，咬破表皮，咬断新根，轻则造成植株细弱，叶片上呈现黄条，重则鳞茎和顶芽腐烂、死亡，造成缺株断垄，甚至全田毁灭无收。

（2）防治方法

①农业防治。施加腐熟充分的有机肥料，不要使用生粪，可以有效地预防韭蛆的发生；对于多年生韭菜，在春天韭菜萌发前可以扒土晒根（剔根），经 5~6 天可将幼虫干死；在韭蛆发生的情况下，可以采用随水浇施碳酸氢铵肥闷杀韭蛆。

②药物防治。掌握好适当的防治时间。一般选择成虫羽化的旺盛期，顺着垄撒播 2.5% 敌百虫（美曲膦酯）粉剂，每亩撒施 2~2.6 千克，或利用成虫大多集中在地面爬行的习惯，在上午 9~11 时喷洒 40% 辛硫磷乳油 1000 倍液，或 2.5% 溴氰菊酯乳油 2000 倍液，或其他菊酯类的农药（氯氰菊酯、氰戊菊酯、功夫、百树菊酯等）。也可以浇足水，使害虫上行以后，喷 75% 灰蝇胺 6~10 克/亩。在幼虫危害期，根据危害情况，每亩可选用 40.8% 毒死蜱乳油 600 毫升，或辛硫磷·毒死蜱合剂（1+1）800 毫升，或 20% 吡·辛乳油 1000 毫升，或 1.1% 苦参碱粉剂 2~4 千克，或 40% 辛硫磷乳油 1000 毫升，稀释成 100 倍液，去掉喷雾器喷头，对准韭菜根部灌药，然后浇水。防治适期为 5 月上旬、7 月中旬和 10 月中下旬。连续进行 3 次适期防治，可基本控制韭蛆危害。

第三章

现代粮谷
种植技术

第一节 小 麦

一、小麦种植准备

（一）因地制宜，选用良种

要想使小麦优质高产，必须选择高产优质的品种，良种必须经过国家审定或者本省审定，并在试验、示范中表现优良，广大农民可根据自己的生产实际和品种简介选择种植。选择品种的一般原则是：早中茬（如玉米、大豆、芝麻等），中上等肥力地块宜选用增产潜力大、抗寒性能优越的半冬性品种；晚茬（如棉花、甘薯等），中上等肥力的地块最好选择稳产、高产性能好、适宜晚播早熟的弱春性品种；水肥条件较差的地块宜选用适应性强、稳产性较好的品种。早中茬主推周麦18、周麦22、矮抗58、众麦一号、郑育麦9987，搭配推广周麦16、丰舞981以及新麦18；晚茬主要是太空6号和平安6号；优质强筋麦主要是西农979、郑麦366、郑麦7698以及郑麦9023。

（二）培肥地力，配方施肥

亩产千斤（1斤＝500克）的小麦，必须具有较高土壤肥力基础

84

以及科学施肥技术。配方施肥技术是科学施肥以及培肥地力的重要措施。根据监测，目前30%的耕地0~20厘米耕层肥力水平已达到有机质1.1%、全氮0.08%、速效磷15毫克/千克、速效钾100毫克/千克，属中上等肥力。要满足小麦单产超千斤对养分的需求，一定要底肥充足，一般每亩应施有机肥料2000千克、氯化钾5~10千克、普通过磷酸钙50~70千克、尿素15~20千克、农用硫酸锌1千克，或者是在施用有机肥的基础上，施含氮25%、含磷10%、含钾5%以上的复混肥40~50千克，有条件的农户要进行玉米秸秆还田，培肥地力，为小麦的高产打下坚实的肥力基础。

二、小麦种植田间管理

"种好是基础，管好是关键"，小麦田间管理技术对产量和品质都是十分重要的，优质小麦的田间管理措施如果不当，产量无法达到理想目标，品质无法合格，更无法达到预期增效的目的。优质小麦的田间管理必须以小麦的生长发育特点为主要依据，并遵循因地、因时、因种制宜的原则，做到看苗管理。

生产优质小麦应该遵循保证产量、提升品质的原则，赢得高产高效。发展优质小麦就是通过增加单位面积的总收益来提高农民的收入，生产出产量高、品质好，既适应市场要求又容易让农民接受的优质产品。

根据生理学或者生物学的特征，小麦一生有不同的生长发育阶段。按照生育进程进行划分，可分为3个生育阶段，即前期、中期和后期。因此优质小麦管理也按照3个阶段分期管理。

(一)冬前管理

优质小麦的冬前管理主要是通过加强管理促根增蘖，保护麦苗安全过冬，实现苗的齐、匀、全、壮等目标，其主要措施如下。

1. 麦苗的查漏补缺　小麦自身有一定的调节作用，当种植密度低时，小麦单株营养面积大，分蘖发生多，个体可以得到充分的发育，补偿群体，保证单位面积内的植株数达到一定水平。然而，种植的密度太低，出现严重的缺苗断垄或疙瘩苗时，小麦自身的调节能力就难以补偿，这时就需要人为进行补种和移栽。缺苗是指小麦一行中有 10 厘米左右的空隙没苗；疙瘩苗是指小麦行内呈明显的丛状分布。如果播种的密度过大，就会对小麦分蘖产生抑制作用。群体的总量维持在一定的水平，但播种量过大时，小麦为了争水争肥，就会发生徒长，形成假旺苗，为了防止这些现象的发生，在播前要整好地、造好墒，播种时要根据肥力水平、土壤墒情和预期的产量水平，对密度进行严格控制，保证精量匀播。

对缺苗断垄的麦田，补种进行得越早越好，可先催芽后补种，以缩小幼苗之间的竞争和不必要的营养浪费。需要移栽的麦田，要视气温和土壤墒情而定，气温高、土壤墒情好可以早一点进行移栽，如果气温低、土壤墒情差可以等到小麦分蘖 3~4 个以后再进行。

2. 田间施肥　施肥和浇水是农业生产中最主要的人为调控手段，也是对产量和品质作用最大的两个因素。生产优质专用小麦应该选择肥力较高、底肥充足，可以满足小麦前期生长的基本需求的田块。优质小麦的生产还要适当控制前期的施肥量，因此，生长正常的麦田前期一般不追肥，但对缺肥造成的弱苗田、群体总数达不到要求的麦田，要根据底肥施用情况、土壤养分状况和产量目标进行适量、适时的追肥，施肥后需要注意及时浇水。

3. **麦田浇水** 在优质小麦生长前期阶段的冬春季节，降水偏少，当土壤水分降低到影响小麦正常生长时应该及时浇水。为了保证苗能够安全越冬，需要进行冬灌（尤其是冬季寒冷的年份）。冬灌的时间最好选在气温降到夜冻昼消时进行，这样不仅保证水分充分下渗，又能起到冻融作用，对疏松土壤、保持土壤水分十分有利。浇得过早，水分散失得快，起不到保苗越冬的作用，还会导致土壤板结，影响小麦的正常生长；浇水太晚，气温降低以后，水分容易在下渗之前结冰，导致死苗。

春季灌水要以当时的苗情、群体状况和土壤墒情来决定是否灌水、灌水的时期和灌水量。对于群体达到目标要求，土壤墒情不影响小麦生长的麦田可把灌水移至拔节后，以水控肥，防止春生分蘖的发生以及生长，控制基部节间伸长过度，还可以防止倒伏。一些弱苗以及群体不足的麦苗，为了增加春季分蘖，补偿群体的不足，只要土壤墒情不足，就要结合施肥及时浇水。

4. **中耕松土及镇压** 中耕可以改善土壤中的通气状况、保墒、提高地温、控制旺长、破除板结、除掉杂草。俗语说的"锄下有水，锄下有火"，就是这个道理。因此在浇"蒙头水"后、播种后遇雨、苗期浇水、返青期浇水后都要及时进行中耕；对因晚播形成苗小、苗弱的麦田，可进行浅中耕，用以改害低温状况，加速生长发育；对于群体较大、生长过于旺盛的麦田，可以采用深中耕的方法，切断部分小麦根系，抑制群体的增长。

镇压可以改变表层土壤通气状况，使深层水分通过毛细管作用上升到表层，供小麦利用，可帮助小麦生长以及安全越冬。镇压生长旺盛的麦田，可以调节群体结构，抑制其生长，不过在镇压的时候，一定要注意土壤墒情，土壤水分过高，不宜镇压，以免造成土壤表层严重板结。

（二）中期管理

从开始拔节到抽穗、开花期间的管理被归为小麦的中期管理。在中期阶段，小麦生长发育速度最快，形成和出现的器官最多。从产量要素的形成来看，此阶段单位面积成穗数和平均穗粒数基本确定，所以，此期是产量形成的关键时期，也是管理的关键时期。

1. 中期管理目标

（1）塑造合理的株型，使秆壮穗大　良好的株型要求旗叶小，向上举，穗下节较长，基部节间短而粗壮，株高适中，有效分蘖占总分蘖的比例为一半左右，有效分蘖整齐度高，单株间相互影响小，利于发挥群体的生长优势，提高产量。株型指标方面，旗叶大小和态势、基部节间的发育情况以及穗下节的长度是比较重要的性状。如果旗叶过大而下披，容易影响下方叶片的受光，并使单位面积的穗容量受到限制；基部节间长，发育充实度低，对小麦抗倒伏不利；穗下节短，落黄不好。

在正常情况下生长的小麦应该尽量控制其基部节之间过度地生长，主要的措施有控制拔节期的水肥，适当蹲苗。小麦春生叶片的大小可以判断小麦长势的强弱。通常情况下，春生第三、第四叶大，稍甩开而不披是生长健壮的标志，预示着穗大粒多。叶片大而披是生长过旺的现象，这样的生长趋势容易发生倒伏。在生产上应该根据生长情况采取相对应的控制措施。

（2）科学控制群体，获得合理穗数　小麦生长的中期阶段，分蘖进一步增加，而后开始逐渐减少，进行两极分化，大分蘖成穗，小分蘖死亡，最后达到一定的数量。对于群体比较大，肥力水平比较高的麦田，应该控制水肥量，否则容易减慢小分蘖的死亡速度，从而和大分蘖争水争肥，引起田间通风不畅，基部发育不良，易造成后期的倒伏。对于群体较小的麦田，应加强水肥管理，促使更多的大分蘖成穗，保证较高的单位面积成穗率。

（3）协调营养关系，增加穗粒，提高品质　小麦拔节以后，随着温度的上升，植株的生长速度明显加快，器官增多，生长量增大，光合产物不足以完全满足生长的需要时，小麦自身就会进行调节，保证一部分生长，其余部分生长缓慢，甚至停滞。此期如果管理不当，就会使地上部位过旺地生长，地下部位生长过弱，穗粒减少。氮素的营养多，将促进茎叶快速生长，最后形成植株高，叶片大，成穗粒数少，田间郁蔽，对抗倒伏不利，也不利于高产。

小麦生长的中期，穗的分化已经基本结束。在穗分化的过程中，小麦分化的小花数和小穗数远大于最终实际结穗数，其中一部分小穗以及小花已经退化。

强筋小麦生育后期的需肥量高于普通小麦，但施肥时期应推迟到倒二叶露尖至旗叶展开这一段时间，此期追肥可增加穗粒数，提高面筋含量和质量。

2. 中期管理措施

（1）诊断麦苗　中期管理一般是依据群体的大小以及发展趋势确定相对应的措施，如施肥浇水的时期和数量。对于群体总茎数过多的，无论个体生长壮或旺都要控制肥水，采取蹲苗措施；如果群体适宜，旺长麦田就蹲苗，控制旺长，以防基部节间过度伸长，后期植株过高，使倒伏现象加重，但若属于壮苗则不适合蹲苗；如果麦田的群体明显不足，也不适合蹲苗。判断群体大小的标准是：开始两极分化时的适宜群体应是预计单位面积成穗数的 1.5～2.5 倍，高于这个指标为群体偏大，低于指标为群体偏小。对群体过大的麦田，蹲苗时间可以长点，蹲苗可以达到两极分化后期到旗叶露尖期；如果麦田群体总茎数比较多或者生长过旺，蹲苗可达到两极分化的中期。

蹲苗有两个作用，一是控制群体，二是降低株高防止倒伏。如果单是为了防止倒伏，要在基部第一节定长后再进行水肥管理。也可使用镇压以及深中耕的方法防止倒伏，这时候镇压应该视具体情况而定，尽早采取措施，如果基部节间已定长或长度比较长时最好不要镇压。另外，防止倒伏还可以用生长调节剂。此类生长调节剂大都是生长抑制剂，对小麦的各个生长部位都具有抑制的作用，因此，使用的时候需要根据调节剂的使用说明，掌握合理的使用量，否则很难达到预期的效果。调节剂的使用时期一定要掌握在小麦起身前，最好在返青期喷洒。在小麦拔节后需要使用抑制性生长调节剂的，要选用抑制作用比较温和的调节剂，但在小麦的基部第一节间定长之后就不需要再次喷施抑制生长调节剂。

目前，常用的抑制生长调节剂有：多效唑（MET）、矮壮素（CCC）、缩节胺（DPC）、稀唑醇等，其中多效唑的作用比较温和。

（2）施肥与浇水　小麦中期管理采取的蹲苗措施主要是为了调节群体结构，帮助小麦的后期生长有一个良好的群体结构和生长条件，而蹲苗后的施肥和浇水是非常重要的。

小麦的追肥一定要结合浇水进行，施肥、灌水量要大一些。根据近年来的研究，提出了采用"氮肥后移"的施肥新方法来增加每穗实际的结粒数，增强抗倒伏的性能，提高肥料的利用率，改善品质。技术的核心是：把全年计划施氮肥量分出一部分在春季追施，春季追肥的时期也要根据群体状况向后推移。追肥的比例一般在全生育期施氮肥量的40%~60%。这项技术能够运用，要求土壤能有一些肥力基础，氮肥量不影响前期小麦的生长。该技术主要用在高产田中，对肥力基础较差的麦田，首先要保证小麦前期的正常生长，形成应有的群体数量，然后再考虑追肥。优质小麦在灌浆期间，不是特别干旱一般不浇水，因此，此次灌水量应该适当多一些，保证小麦在接下来相当一段时间里不会因为干旱而对生长造成影响。春季可视小麦苗情和墒情，采取一次或分两次施肥和浇水。

（三）后期管理

从抽穗、开花到成熟期的管理属于麦田的后期管理。这一时期会出现一些灾害性天气，如干旱、高温、干热风、冰雹、连阴雨等，还常有病虫害，造成小麦千粒重不稳，年际间变化大，影响商品性能和品质。后期管理要围绕防灾、减灾这条主线，以养根护叶、防止早衰作为目标，保证粒重得到提高，花和粒的数量增加、品质得到提高，产量增加。

1. 适当控制水分　小麦进入乳熟期，是叶片制造光合产物和茎秆贮存的碳水化合物向籽粒快速运送期，也是产量和品质产生的高效期。在小麦乳熟期到收割的阶段，控制浇水量可以使小麦的角质率以及光泽度得到提高，明显减少"黑胚"现象，也可使籽粒蛋白质含量有所提高，并延长面团稳定时间，而对产量影响不大。因此，在拔节后只要保证一次较充足的灌水，完全可以满足灌浆前期需要的水分，在后期控水的时候就不会减少产量，同时还可以防止浇水之后因大风天气导致的大面积倒伏现象。所以，除非在特别干旱以至严重影响产量的情况下，在小麦抽穗后一般不再浇水。习惯上浇麦黄水主要是为下茬的播种做准备，但后期浇水会使土壤通气性降低；如果浇水之后气温升高，会使小麦加速死亡。

2. 叶面喷肥及化学调控相结合　叶面喷肥主要是喷氮素化肥，常用的是高质量的尿素。可于开花期和灌浆期分别用 1 千克尿素配成 1%~1.5%溶液喷洒。喷洒的主要目的是增加叶片的氮素营养，使叶片的功能期得到延长，籽粒的品质得到提高。此外，还可以喷洒磷酸二氢钾以及天丰素等，在扬花后 5~10 日内喷洒可增加粒重，提高角质率，并对延长稳定时间有一定作用。尿素也可与天丰素混合喷施。

第二节　玉　米

一、玉米种植准备

（一）选用良种

要想使玉米增产，首先要选择优良的玉米杂交种。如果选择的玉米杂交种适合，即使不增加其他投入，也可获得较好的收成，一般可增产 30%左右，若做到良种与良法配套，增产潜力更大。不同的优良品种有不同的特征特性，如掖单 13 号生育期较长，豫玉 2 号生育期较短，豫玉 22 号株形比较松散，郑单 958 株形比较紧凑等。

因此，要想使玉米增产，就要根据当地实际情况选用良种。一般平原地区选用郑单 958、鲁单 981、中科 4 号、浚单 20、蠡玉 16 等。

（二）精选种子

选择的品种好并不代表种子的质量好。种子的质量受到苗全、苗齐、苗壮的影响。在播种之前对种子进行精选，是保证苗全、苗齐、苗壮

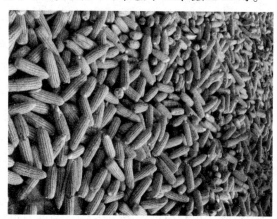

的重要措施。所以在购买种子时就要慎重，为防止买到假冒伪劣种子，要从包装、粒色、杂质、整齐度等方面进行判断。

（三）种子处理

处理种子有很多办法，目前最好的是用种衣剂进行包衣。

二、玉米种植田间管理

（一）苗期管理

1. 苗期生育特点和管理主攻方向　玉米的苗期包括播种出苗开始到拔节之间的时期。夏季玉米的苗期差不多是 25 天。玉米苗期是玉米的营养生长阶段，田间管理的主攻方向是在保证苗全的基础上，促根、蹲苗、育壮苗，为穗期的健壮生长奠定基础。

2. 管理内容与技术

（1）查苗补苗　播种完玉米以后，常常会因为种子、播种的质

量不高，墒情差或者虫和鼠危害等原因造成缺苗断垄，因此，对玉米来说，在出苗以后及时进行查苗补苗就显得尤为重要。查苗补苗，时间越早越好，补晚了，补的苗生长势弱，不是抽不出穗就是授不上粉，因此，玉米出苗以后应该迅速地进行查苗补苗。补苗时带土移栽为佳，首先在缺苗的地方用移苗器打个穴，而后在苗多处选壮苗，用移苗器将苗带土移栽在预先打好的穴内，再浇足水。

（2）间苗定苗 夏玉米出苗后正值高温季节，生长速度很快，若不及时间苗，会使幼苗拥挤，相互之间争夺养分、光照以及水分，因此，必须尽快进行间苗。间苗一般选在三叶期，当玉米苗长到五片叶时，苗的强弱已表现出来，要及时定苗。定苗时，要尽量留壮苗，拔除小苗和弱苗、病苗及受虫危害的苗，留叶片数相当、粗细和高矮一致的壮苗。定苗的时间不宜太早，太早定苗，不容易分清壮苗以及弱苗，一般会留下弱苗和自交苗。因此，传统经验就是"三叶间苗，五叶定苗"，这也是夺取玉米高产的宝贵经验，应严格遵照执行。

（3）中耕除草灭茬 中耕能够疏松土壤，流通空气，促进土壤微生物的活动，加速土壤有机质的养分进行分解，使有效养分的含量得到提高，有利于根系向下延伸，增强根系吸收水肥，确保苗壮早发，健壮生长。同时，中耕在干旱时能保墒，在土壤水分过多时能放墒，也就是种植农户说的"锄头上有水又有火"的道理。特别是进行"麦垄套种""铁茬播种"、育苗移栽这些早播的玉米田，中耕除草灭茬和追肥显得尤为重要。在苗期一般要中耕一次，并且要掌握"苗旁浅，行间深"和"头遍浅、二遍深、三遍扒土亮出根"的原则。中耕可以消灭杂草，减轻杂草对玉米的不良影响，简单易行的办法是应用化学方法除草，目前，在玉米田中有较好除草效果的除草剂有杜尔、拉索、乙草胺以及阿特拉津等。

（4）追肥 夏玉米苗期时间短，多为25天左右，干物质的积累量约占总积累量的 3%，对氮、磷、钾的吸收量也相对较少，但由于夏玉米基本上都是赶时早播，没有施用底肥，因此，苗期追肥对培养壮苗十分重要。苗期追肥大多是和中耕一起进行，这一期间的追肥，需要把施用的有机肥和磷、钾肥以及总施用量 30% 的氮肥都一次性施进去。

（5）浇水　夏玉米苗期需水较少，约占一生总耗水量的 20%，且生长比较缓慢，对土壤水分的要求不严格。如果土壤中水分高于田间最大需水量的 60%，就不需要浇水，如果少于这个值，就需要进行浇水，但浇水量也不必太大。

（6）蹲苗　蹲苗就是采用控制肥水、扒土晒根的方法，控制地上部生长，促进地下部根系的生长，培育壮苗。其具体操作方法是在施用充足的底肥和底墒较好的情况下，在苗期不进行追肥和浇水，而进行多次中耕，造成上干下湿的土壤环境，促根下扎；或在定苗后结合中耕，把苗四周的土扒开，使地下茎节外露，晒根 7～15 天，晒后结合追肥封土。夏玉米蹲苗一般低于 20 天，蹲苗要在拔节之前完成。蹲苗的原则是"蹲肥不蹲瘦、蹲黑不蹲黄、蹲湿不蹲干"。

（7）偏管弱苗　在定苗以后，若田间有弱苗，这些弱苗若不早管、偏管，就会在大苗欺小苗的情况下越来越弱，最后形成空棵，因此，当发现弱苗后要立即早管，对其偏施肥和偏浇水，促进弱苗变成壮苗，赶上其他的苗，以防产量减少。

（8）虫害防治　苗期常有蝼蛄、地老虎等害虫的危害，造成缺苗断垄现象。将豆饼炒香，每 100 千克拌入 90% 的敌百虫 1 千克加水 10 千克，混拌成毒饵，在傍晚空气潮湿的时候撒在地上，可以对地下害虫进行有效的防治。

（二）穗期管理

1. 穗期的生育特点与主攻方向　玉米的穗期是指玉米从拔节

到抽出雄穗之间的时间，夏季玉米的穗期差不多是 30 天，穗期是玉米营养生长和生殖生长并进的时期。此期田间管理的主攻方向是协调营养生长和生殖生长的矛盾，促进茎秆粗壮，争取穗大粒多。

2. 穗期管理的内容

（1）追肥　玉米的穗期是其一生中需求氮、磷、钾增加最迅速的时间段，其吸收量差不多占一生总肥量的 50%，一般认为在播种后 35~40 天时追肥，有利于穗长和千粒重的提高，达到增产效果。

（2）浇水　玉米在穗期时，植株生长强势，蒸腾量变大，并且由于气温高，同时蒸发量大，因此，此期耗水要占一生总耗水量的 50% 左右，如若干旱，对玉米的生长发育影响很大，一般此期田间持水量应保持为 70%~80%，以保证玉米对水分的需要。具体浇水时间要视土壤的墒情来决定，田间的持水量不能低于 70%，不过一般情况下，需要在大喇叭口期前浇好孕穗水。

（3）中耕培土　在玉米拔节以后就迅速进入了孕穗期，此时进行中耕培土，既可消灭杂草，疏松土壤，促进根系迅速生长，扩大根系吸收水肥的范围和防止倒伏，又有利于以后浇水，但是培土的时间不能太早，培土也不能过高，过早以及过高都不利于发生次生根，不能防止倒伏，甚至还会因此造成减产。培土时间以拔节以后大喇叭口期之前为好，培土高度以 10 厘米左右为宜。

（4）清除弱苗　玉米经过拔节后，容易出现强株欺弱株以及大株欺小株的现象，等到大喇叭口期之后，仍表现瘦弱的植株，一般是不能抽穗结实的，发现之后应立即拔除，以免与健株争水、争肥、争光。

（5）防治病虫害　造成玉米减产的主要害虫是玉米螟，这种害虫世代交替重叠，防治时容易产生一定难度，为了彻底防治，应抓住玉米小喇叭口期的防治关键时期，在 7 月中旬前后，用 3% 的呋喃丹颗粒剂撒入心叶，连续防治两次。

（三）花粒期管理

1. 花粒期的生育特点与主攻方向　花粒期指的是玉米开花后到成熟时之间的时期，夏季玉米的花粒期差不多是 50 天。玉米在花粒期的生育特点是营养器官基本建成并逐渐衰败，此期管理的主攻方向是养根护叶防早衰，提高光合效率增粒重。

2. 花粒期管理内容

（1）隔行去雄　玉米雄穗的开花散粉，容易消耗掉大量的养分，去雄可以节省养分，确保结实充足，促使雌穗早吐丝、早授粉，也可以降低株高，改善叶片的光照条件，提高光合效率和抗倒伏能力，同时去雄还能将一部分玉米螟带出田外减少其危害，因此，这是一项简单易操作的增产措施。其具体的方法是：在晴天的上午 10 点到下午 3

点，选择刚抽出还没有散粉的雄穗去雄，以利伤口愈合，避免病菌感染。一般采用隔行或隔株去雄的方法，地头和地边的植株不去雄，在连阴雨天和高温干旱的天气，也不必去雄，以防止花粉不足影响充分授粉，从而导致了缺粒秃尖。

（2）人工辅助授粉　玉米生长整齐一致，且在开花授粉时不遇到连阴雨和高温干旱天气，即使田间的一半植株进行了人工去雄，花粉量也能满足需求，这时不需要人工辅助授粉。然而对于生长不整齐，特别是育苗移栽的田块一定要在晴天上午露水干后进行人工辅助授粉，提高结实率，减少缺粒秃尖。其方法为，每天上午用绳拉 1 次，连续拉 3~4 次。

（3）补施粒肥　有些地块在穗期的施肥量较少，为了防止早衰，可以在开花散粉之后每亩施入尿素 5 千克左右，也可用2%的尿素水溶液在晴天下午 3 时后进行人工叶面喷肥，每亩喷肥液 30~50 千克。

（4）浇水及排涝　玉米抽雄散粉以后的 20~30 天以内，还是需水的高峰期，如果缺墒将会严重影响籽粒形成灌浆，要在散粉结束后浇一次攻子灌浆水。但浇水量不能太大，以防因根系缺少氧气早衰而死。此时若遇涝灾，也应及时排水。

（5）去除空穗空棵　授完粉以后，要及时去除一些没有授粉的植株和果穗，防止它们争夺养分以及水分，保证授粉良好的植株和果穗正常生长，做到穗大粒多籽饱。

第三节　水　稻

一、水稻种植准备

（一）培育壮秧

1. 培育壮秧的意义　培育壮秧可以选择小面积的秧田，采取精细管理措施，调节茬口，解决前后茬的矛盾，扩大复种的面积；集中育秧可以经济用水、节约用种，以降低生产成本。

培育壮秧是水稻生产的第一个环节，也是十分重要的生产环节。

早、中稻秧田期占水稻全生育期的 1/4～1/3，占据营养生长期的 1/2～2/3，秧苗在秧田期的生长程度，不仅会影响正在分化发育中的根、叶、蘖等器官的质量，而且对移栽后的发根、返青、分蘖，乃至穗数、粒数、结实率都有重要的影响。因此，壮秧是水稻高产的基础，有农谚"好秧出好谷""秧好一半谷""谷从秧上起"等一些说法。

2. 秧苗的类型　为了适应不同生态条件和不同稻田复种方式的需要，可将秧苗分为多种类型，其主要类型有：

（1）小苗秧　一般指的是三叶期以内带土移栽的秧苗。大多是在密播、保温育秧床上进行培育，广泛用于抢早移栽、两段育秧的第一段与抛秧。

（2）中苗秧　一般指 3.0～4.5 叶内移栽的秧苗。也多用于抢早移栽和抛秧。

（3）大苗秧　一般指的是 4～7 片叶以内移栽的秧苗。大量用在一季中稻以及双季稻的生产。

3. 壮秧的标准

（1）形态特征

①苗叶不披垂，叶片宽大，有较多的绿叶，叶色浓绿正常，秧苗挺健，具有弹性，长势旺盛，脚叶枯黄少，分蘖秧带有 3 个以上分蘖。

②秧苗矮壮，基部粗扁，无病虫害。基部粗扁的秧苗，腋芽较粗壮，长出的分蘖也较粗壮；而且叶鞘比较厚，养分积累较多，栽培后发根较快，分蘖早，对大穗的形成十分有利。

③根系发达，根粗、短、白，无黑根。这种秧苗栽后能迅速返青生长。

④秧苗生长均匀、整齐一致，群体间生长旺盛，个体间少差异。移栽时应做到：一板秧苗没有高低，一把秧苗没有粗细，用来保证

本田生长整齐，防止出现大小苗。

⑤秧龄、叶龄适当。

（2）生理特点

①光合作用能力比较强，体内存储的营养物质较多，组织内比较充实，单位长度内的干物重高。

②碳氮比协调，碳水化合物和氮化合物绝对含量高。碳氮比：小苗为3左右，一般秧苗为14左右，带蘖壮秧还可稍高。

③束缚水的含量比较高，自由水的含量相对低一些，有利于移栽以后的水分平衡，使抗逆能力得到提高，返青成活比较快。

（二）选用良种

良种是作物高产的基础，选用良种是水稻高产栽培中最经济有效的措施，每一个优良品种都适宜于一定的气候生态条件和相应的栽培技术。各地必须根据当地实际情况，因时、因地制宜，选择最合适的良种。一些新品种应该先进行试验示范，之后再进一步推广。每个地区选择1~2个最适宜的主推当家品种，再搭配其他品种，并搞好品种布局。

（三）水稻种子处理

1. **筛选及晒种** 种子出库以后，先进行风筛，去掉秕粒、草籽以及夹杂物。之后选择晴天晒种，2~3天取回。晒种可增强种皮的透性，增强呼吸强度和内部酶的活性，使淀粉降解为可溶性糖，以供给种胚中的幼根、幼芽生长，同时还可使种子干燥程度一致，有利于吸水和发芽整齐，以提高稻种的发芽率以及发芽势。晒种方法为，将种子放到铺好的塑料薄膜上面，铺种5~6厘米厚，时常翻动，帮助其均匀受热，防止低温受潮，晚间收回。

2. **盐水选种** 成熟饱满的种子，发芽力强，幼苗生长整齐，苗壮。因此，必须认真进行盐水选种。选种用的盐水相对密度为1.10~1.13，方法是用25千克水加食盐5~6千克，充分溶解后，用新鲜鸡蛋测试。使用鲜鸡蛋测定盐水相对密度，如果鸡蛋露出水面有1元钱硬币大小，此时盐水的相对密度是1.10~1.13。将种子放在盐水内，边放边搅拌，使不饱满的种子漂浮在上面，捞出下沉的种子，用清水洗涤2~3次，洗净种皮表面的盐水。

3. 种子消毒及浸种　对种子消毒可以防除侵害种子的苗稻瘟病以及水稻恶苗病。浸种的目的是帮助水稻的种子吸足水分，促进生理活动，使种子膨胀软化，增强呼吸作用，使蛋白质由凝胶状态变为溶胶状态，在酶的作用下，将胚乳储藏物质转化为可溶性物质，并降低种子中抑制发芽物质的浓度，把可溶性物质提供给幼芽以及幼根并帮助其生长。种子吸收水的能力和温度有关，浸好种子差不多需要积温80~100℃。为了提高种子消毒的效果，一般消毒和浸种同时进行。方法是把选好的种子用901农药一袋（100克），对水50千克，浸种40千克；水温保持在15~18℃，浸种消毒4~5天；前面两天需要每天搅拌1次，后面几天需要每天搅拌2~3次，放出水中气泡以保证水质。浸好种子的标志是：稻壳颜色变深，呈半透明状，透过颖壳可以看清种胚。消毒浸种后，捞出可直接催芽。

4. 催芽　稻谷催芽指的是依据种子发芽过程中需要的温度、氧气以及水分，采取人为手段，营造良好的发芽条件，使发芽达到"快""齐""匀""壮"。"快"指3天内能催好芽；"齐"要求发芽率达90%以上；"匀"指根芽整齐一致；"壮"要求幼芽粗壮，根芽比例适当（芽相当于半粒谷子长度，根与干粒谷子等长），色泽鲜白。催芽过程要求温度不要太高，防止"烧包"。一般催芽过程分为3个阶段：

（1）高温破胸　高温破胸指种谷上包到胚突破种壳时期，破胸时间宜短，以免消耗过多的养分，一般要求在24小时内达到破胸整齐。为了升温快，常将种谷在 50℃ 以下温水中淘种（预热）1~2 分钟，装入包中密封，维持温度在 30~32℃，保证胚的呼吸强度，减小种胚活动强度之间的差距，使破胸露白整齐，若温度偏低则破胸不齐。

（2）适温催芽 适温催芽指破胸至幼根、幼芽达到播种要求的时期，破胸后的种谷呼吸强度变得剧烈，温度增加迅速。根据测定，破胸时的呼吸强度较之催芽时高出 31 倍多。由于呼吸热的积累，温度很容易上升超过 40℃ 而灼伤根芽，产生"毙芽"现象，这是催芽的危险期。因此要注意通气和降温，使温度保持在 25℃ 左右，长出的根芽才粗壮。根据"干长根、湿长芽"的经验分析，可以使用浇水或者翻动的方法对温度以及湿度进行调节，促进根、芽的整齐生长，比例合适。

5. 摊晾炼芽 当谷芽、根达到播种要求长度时，催芽基本结束。为了使芽谷能适应播种后的自然环境，催好的芽谷一般要摊晾炼芽，置于室内摊放一段时间（至少半天）再行播种。如果天气不好，可以把芽谷摊薄，等到天气变晴以后再进行播种。

二、水稻移栽技术

（一）整地

水稻对土壤的适应能力比较强，不过结构良好、保水保肥性好、肥力水平高、土层深厚的土壤更适合水稻生长。

在栽秧前要进行精细整田，使表土松、软、细、绒，为水稻根系生长创造良好的土壤环境，同时使表面平整，高低差不到3厘米，做到"有水棵棵到，排水时无积水"；翻埋残茬，消灭稻田中的杂草以及病虫害，混合土和肥料，降低养分的流失以及挥发，方便水稻根系的吸收利用；促进土壤熟化，改善土壤通透性，消除对水稻有害的还原有毒物质，使其充分氧化，变为能被作物利用的养分。

由于不同的土壤类型以及作物茬口特性，整田技术和办法也不一样。冬水田选择在上一季水稻收获后及时翻耕，翻埋残茬，利用秋季高温促进残茬等有机物的分解，栽秧前再进行犁、耙，耙细、耙平后插秧；烂泥田宜少耕少耙，进行半旱式栽培；小春田即秋冬季种植小春作物的水旱轮作田，季节衔接比较紧张，需要抓紧时间进行，一边收割一边灌水一边耕耙，最好耙两次犁，使土壤细碎、松软、绒和；绿肥、油菜等早茬作物田，插秧时间较为充裕，可以先干耕晒垡几天。在整田过程中，要铲除田边杂草，夯实田坎，糊好田边，防止漏水，提高保水保肥的能力。

（二）移栽前本田除草技术

危害严重的杂草包括泽泻、萤蔺、狼把草、牛毛毡、眼子菜、稗草、稻稗、四叶萍、小次藻、鸭舌草、雨久花、稻李氏禾、匍茎剪股颖、野慈姑、扁秆蘑草、矮慈姑和水绵等。

在移栽前 3~7 天，可选用 12%噁草酮乳油 2500~3000 毫升/公顷在泥水混浆状态下甩施；或 30%莎稗磷（阿罗津）600~900 毫升/公顷+10%吡嘧磺隆 300 克/公顷，50%丙草胺乳油 750~1000 毫升/公顷+30%苄嘧磺隆可湿性粉剂 225 克/公顷，80%丙炔噁草酮（稻思达）可湿性粉剂 90 克/公顷，采用喷雾器甩喷或者毒土法，保证水层有 3~5 厘米，但不淹没稻苗心叶，保水 5~7 天。可防、除稗草、一年生禾本科杂草、阔叶杂草和莎草科杂草。

（三）移栽

1. 合理密植　合理密植可以建立起适当的群体结构，从而调整好个体以及群体的关系，争取粒多、粒重以及穗多，同时也有利于改善田间的通风透光条件，减轻病虫害，因而是水稻高产栽培的重要环节。

（1）水稻产量构成因素　水稻产量由有效穗数、每穗实粒数和（千）粒重 3 个因素所构成。水稻的穗数包括主穗以及分蘖穗，杂交水稻有较强的分蘖能力，因此大多数是分蘖穗，在水稻生产上应在培育多蘖壮秧的基础上，栽足基本苗，并促进分蘖早生、多发，特别是多争取低位分蘖，提高分蘖成穗率，从而增加有效穗数。每穗实粒数取决于每穗的颖花数（着粒数）以及结实率。每穗的颖花数的多少决定于幼穗分化期，如果单株的营养条件好，就可以分化出比较多的颖花数，形成大穗。结实率主要受颖花的分化发育情况和抽穗扬花期的气候生态条件的影响，是决定空粒的时期；同时也与后期的灌浆结实情况有关，是决定秕粒的时期；千粒重的大小和胚乳发育情况、谷壳的体积大小有关，决定于灌浆结实期。

水稻产量的 3 个构成因素既相互联系，又相互制约和相互补偿。一般三者呈负相关关系，有效穗数增加，穗粒数会减少，粒重降低；反之亦然。在产量构成三因素中，一般粒重的变幅相对比较小，有效穗数的变化比较多，在生产上应先保证穗数足够，再争取大穗。

（2）合理密植的方式和幅度 适宜的种植密度和行窝距应根据各地的具体情况而定，做到因种、因地、因时制宜，以发挥合理密植的增产作用。一般迟熟品种稍稀，早熟品种稍密；土壤肥力高的稍稀，土壤肥力低的稍密；分蘖能力强的组合比较稀，分蘖能力弱的组合比较密；施肥水平高的稍稀，施肥水平低的稍密；栽秧季节早的稍稀，栽秧季节迟的稍密；劳动力不足的稍稀，劳动力充足的稍密。总之，凡是在有利于分蘖发生和促进植株生长发育的因素下可以比较稀，相反就应该比较密集。

近年来，由于品种的更替和育秧技术的改进，开始在一些地区和田块示范推广"超多蘖壮秧少穴高产栽培"和"旱育稀植大窝栽培"技术。两者都是在秧田期实行"超稀培植"，前者使用普通温室两段育秧或者按照寄栽规格摆播芽谷，而后者则先培育出约有 3 叶的小苗再进行秧田寄栽，寄栽规格都为（8~10）厘米×（8~10）厘米，培育带 10 个以上分蘖的超多蘖壮秧，本田采用少穴大窝栽培，栽种 10.5~15 窝/米^2。两种栽培技术都是走"小群体壮个体"的途径，在赢得一定穗数后，培育大穗，由于本田要求稀植，可以节省种子的使用和劳动力，也有利于抗旱迟栽和缓和农事季节的矛盾，但应选用生育期较长、分蘖力强的大（重）穗型杂交组合，适宜于土层深厚肥沃、生产条件好、肥水管理水平高的地区和田块。

2. 栽插技术

（1）适时早培 适时提早栽培可以利用生长的季节，延长本田的生长期，增加营养物质的积累以及有效分蘖，也有利于早熟早收，为后茬高产创造有利条件。移栽期应根据当地的气候条件和耕作制度等确定，一般应在日平均气温上升到 15℃ 以上时移栽。若移栽过早，气温如果太低，不仅减慢返青速度，还可引起死苗。对一些冷浸、深脚以及烂泥田来说，因为泥的温度低，适时早栽的时间还应推迟。但如果栽插过晚，温度高，植株生长快，本田营养生长期缩短，就不利于高产。

（2）保证栽秧的质量　栽秧的质量得到提高可以加快返青成活率，方便分蘖早生多发。为了保证栽插质量，要求做到：拔好秧，栽好秧。

拔秧时要轻，靠泥拔，少株拔，并随时把弱苗、病苗、杂草等剔除。拔后理齐根部，大苗秧还需要在秧田内洗干净秧根的泥土，然后扎牢固，方便运输。

栽秧时要求做到浅、匀、直、稳。"浅"即浅栽，能使发根分蘖节处于温度较高的表土层，且氧气充足，昼夜温差大，有利于发根和分蘖，为形成穗多和穗大打基础；"匀"即行窝距必须均匀而整齐，沟和行比较端直，每窝的苗数相同，单株的营养面积比较平衡，稻田生长较为整齐；"直"就是苗要正，不栽"偏偏秧"，利于返青生长；"稳"要求栽后不漂、不浮。

不管是拔秧、捆秧还是运输、栽插，都应该小心，减少植株伤害，栽插以及取秧时不要损伤根部，不栽超龄秧和隔夜秧。

三、水稻种植田间管理

（一）返青分蘖期

1. 返青分蘖期的生育特点　返青分蘖期即返青期以及分蘖期的统称，该阶段主要是叶片、根系的生长以及发生分蘖，是决定穗数的关键时期，也是为形成大穗奠定物质基础和搭好丰产架子的时期，在生理上以氮代谢为主，为营养生长期。

2. 田间管理措施　依据水稻返青分蘖期的规律以及生长发育特点，田间管理主要是攻蘖、促根、争取多穗，要求返青早、出叶快、分蘖多、叶色绿、透光性好。在管理上，前期（有效分蘖期）以促为主，促进其生长发育；后期（无效分蘖期）以控为主，控制无效分蘖的发生。

（1）为保证全苗而查苗补苗 一般栽插以后，会出现一些倒秧、浮秧、缺窝以及每窝内苗数不同等现象。插秧后应逐田、逐行查看，做好补缺匀苗工作，保证苗全、苗匀。

（2）科学管水 一方面要满足水稻生长发育对水分的要求；另一方面要利用水分来调节和改善稻田的环境，以水调肥、以水调温、以水调气。在管理上要做到"浅水栽秧，薄水分蘖，寸水返青，适时晒田"。

插秧后到返青期间，由于植伤（取秧和栽插时对植株，特别是根部的损伤），植株吸水能力下降，但叶面蒸腾却未减少，容易使水分失去平衡，此时应保持

3~5厘米的水层，维持植株间比较高的湿度。返青以后，使用浅水经常灌溉，保证浅水的深度在3厘米以下，帮助植株基部的通风透光良好，提高土温，增加土壤氧气含量，以利根的发育和促进分蘖早生快发。但不能断水，缺水干旱不利于植株的生长发育。

等到有效分蘖终止期或者茎蘖的总数和有效穗数相同时，应该及时地排水晒田。晒田一是可以调整植株长相，促进根系发育。晒田对地上部营养器官生长表现出抑制，叶色变淡，水稻株型变挺直，

控制无效分蘖的发生，减少营养物质的消耗。同时改善了田间通风透光条件，秆壁变厚，叶与节间变短，植株抗倒和抗病能力得到增强。二是可以改变土壤的理化性质，更新土壤的环境。晒田后土壤的氧化还原电位升高，还原有毒物质被氧化而减少，有机物质的分解加速，同时耕层土壤内的有效氮、磷含量暂时下降，复水后其含量又会迅速增加。这种先抑后促的效果有利于控制群体的过分发展，有利于促进生长中心从分蘖向穗分化的顺利转移，有利于培育大穗。

晒田的程度应达到：田中不陷脚，四周麻丝裂；黄根深扎下，新根多露白；叶片挺直立，褪淡转黄色；茎秆有弹性，停止发分蘖。晒田到拔节时基本结束。晒田的早迟和程度，要根据田情以及苗情而决定。凡是底肥足、泥脚深、田冷浸、长势旺、分蘖早、叶色浓的，都应该早晒、重晒，晒的时间可稍长；反之，则宜迟晒、轻晒，晒的时间要短；对长势弱或田瘦的，则晾一晾即可。

（3）提早施加分蘖肥 提早施加分蘖肥可以促进早发，多发低位次分蘖。分蘖肥应该选择栽秧后 3~5 天内及时施用，以速效氮肥为主。分蘖肥的数量可根据土壤肥力、底肥多少和苗情等适当增减。土壤肥力高，底肥特别是有机肥足，稻苗长势旺的可适当少施；反之则应适当地增加施肥量。

分蘖肥应该选择浅水施、晴天施，为了提高肥效，减少肥力流失，应该一边施一边薅，薅肥入泥。

（4）及时中耕除草 中耕即薅秧，作用是疏松表土，提高土温，增强土壤通气性，以气促肥，加速肥料分解；使土肥融合，减少肥料挥发和流失；消灭杂草，减少养分消耗及病、虫的危害，进而帮助根系的生长以及分蘖的早生多发。

一般在开始分蘖时进行第一次中耕，以后每隔 5~10 天再进行 1 次，最后一次中耕必须在幼穗分化前结束。中耕一般结合施肥进行，田面保持浅水。中耕要求捏碎硬块，抹匀肥堆，除掉杂草，将田面蓐平，把秧窝补好，扶正秧苗，每窝蓐到，实现"田蓐平，泥蓐活，草蓐死"。

为减轻中耕除草劳动强度，可采用化学除草技术。由于稻田杂草的种类和生育状况不同，适用的除草剂种类和技术也不同。当稻田以稗草为主时，可在移栽后 2~8 天用每公顷 3000 毫升 50% 的优克稗乳油拌细沙土 10~20 千克撒施，或每公顷 1500 毫升 20% 的敌稗乳油对水 450 千克喷雾（先排干田水，用药后 2~3 天灌浅水）或每公顷 375 克左右 50% 的杀稗王可湿性粉剂，或每公顷 1500 毫升 96% 的禾大壮乳油；对于以节节菜、四叶萍、鸭舌草等阔叶杂草为主的田块可用每公顷 750 毫升 20% 的使它隆乳油，或每公顷 300 克 10% 的苄黄隆（农得时）对水 450 千克喷施（排水湿润喷雾），或每公顷 2500 毫升 48% 的苯达松（排草丹）水剂，或每公顷 300 毫升 48% 的百草敌水剂+每公顷 750 毫升 20% 的二甲四氯水剂；对于以牛毛草、异型莎草等为主的田块，可用每公顷 5000~6000 毫升 50% 的莎扑隆可湿性粉剂拌细沙土 300 千克撒施。

（5）防治座蔸 一些蓄冬水的稻田，秧苗移栽以后容易生长不正常，一般会表现为生长迟缓或者停滞，稻株簇立，叶片僵缩，叶色暗绿或变黄，根系生长受阻或发黑，这种现象称为座蔸，应加以防治，否则会造成减产。座蔸的类型较多，原因比较复杂，有的是由一种原因引起的，有的可能会有多种原因。一般座蔸的类型有以下几种：

①冷害型。由深脚、冷浸、阴山、烂泥田引起土温低，或由于早栽、气温低或寒潮侵袭，使稻苗生长受阻。防治的方法是：培育壮秧，增强抗寒能力；深脚、冷浸和烂泥田采用半旱式的栽培，用以提高土壤温度；浅灌、排水晒田；开沟引开冷浸水等。

②中毒型。由于长期淹水造成氧化还原电位低，还原有毒物质积累，或施用大量未腐熟的有机肥，经发酵分解产生有毒物质，使

稻根中毒而影响发育。防治的方法是半旱式栽培。改善土壤的通气性，消除还原有毒物质；适当地增加有机肥料，不使用没有腐熟的肥料，绿肥等要早翻埋，让其分解腐熟；排水晒田，增温增氧；施用石灰中和毒物；流水洗毒；增施磷、钾肥，增强稻苗抗逆性。

③缺素型。因为土壤缺少某一些营养元素造成的生长受阻，低温以及冷浸田的根系活力不高，有毒物质对根造成伤害，也都能导致稻株缺素座蔸。常见的缺素类型有缺磷型、缺锌型、缺钾型等。防治的方法是：施用相应的肥料；对于深、冷、烂等土壤障碍田块，实行半旱式栽培，改善土壤的通透性能，减少冷害以及毒害，增加根系的活力以及养分的有效性；合理安排灌排，适时、适度晒田，增强土壤通气性。

（二）拔节长穗期管理

1. 拔节长穗期的生育特点　拔节长穗期指的是幼穗开始分化到抽穗的整个过程，拔节长穗期差不多是 30 天。这一时期植株一方面进行以茎秆伸长生长为中心的营养生长；另一方面又进行以稻穗分化为中心的生殖生长。这是营养生长和生殖生长并进时期，是水稻一生中生长最快的时期，也是水稻对外界环境条件最为敏感的一段时期。其营养代谢特点为，原本占据优势的氮代谢逐渐向碳代谢过渡。这一时期一些迟生分蘖逐渐死亡，成为无效分蘖，总的茎蘖数逐渐减少，因而最终的成穗数低于最高苗数。

2. 田间管理措施　拔节长穗期决定了穗数多少、穗子大小以及茎秆是否健壮。其田间管理的主要目标是壮秆、保蘖、攻大穗。既要防止其长势过旺，群体发展过大，分蘖成穗率降低和茎秆纤细脆弱引起后期倒伏，又要防止长势不足，使穗粒数减少。

（1）合理灌溉　稻穗的发育过程是水稻生理需水中的一段临界期。同时晒田复水以后，稻田渗漏量有所增大，一般此时需水量占全生育期的 30%～40%。此期一般宜采用浅水勤灌，保证"养胎水"，淹水深度不宜超过 10 厘米，维持深水层的时间也不宜过长，减数分裂期不可缺水干旱，防止颖花退化，保证颗粒数。

（2）巧施穗肥 从幼穗开始分化到抽穗前施的追肥都称穗肥，因施用时期不同，作用也不同。在幼穗分化开始时施的穗肥，可促进枝梗和颖花的分化，增加颖花数，称为促花肥；在开始孕穗的时候施加的穗肥，可以减缓颖花的退化，被叫作保花肥。

巧施穗肥就是根据苗情长势、长相、土壤肥力和气候条件等确定施用的时间、数量。凡是前期追肥适当、群体苗数适宜、个体长势平稳的，宜只施保花肥，可于孕穗时施尿素每公顷 45 千克左右；如果前期追肥不够，群体的苗数比较少，个体长势差，可以同时施加保花肥以及促花肥，于晒田复水后施尿素每公顷 45 千克左右，减数分裂期前后再施尿素每公顷 30 千克；凡前期施肥较多、群体苗数偏多、个体长势偏旺的，则可不施穗肥。

（三）抽穗结实期

1. 抽穗结实期的生育特点 水稻的抽穗结实期一般需要 35 天左右，个别达到 40 天，是从抽穗到成熟收获的过程。这一阶段的营养生长已基本停止，为生殖生长期，根系吸收的水分、养分和叶片的光合作用产物以及茎秆叶鞘内储藏的营养物质，均向籽粒运输，供灌浆结实。在代谢上以碳代谢为主。

2. 田间管理措施 抽穗结实期决定了水稻的实际粒数和粒重。在田间管理上要求养根、保叶、增粒以及增重，应抓好"以气促根，以根保叶，以叶壮籽"，既要防止贪青晚熟，又要防止早衰和倒伏，影响灌浆结实。

（1）合理灌水和排水 确保"湿润灌溉，适时断水，干湿壮籽，足水抽穗"。在抽穗期间，田间保持 3～4 厘米的水层，防止高温干旱危害；灌浆期湿润灌溉，一次灌水2~3厘米，让其自然落干，湿润1~2天后再灌水，实行干湿交替。灌水既保证灌浆结实对水分的需要，又改善土壤的通透性，实现以根养叶、以叶壮籽以及增气保根。在收获前约7天断水，不过不能太早断水，以防加速衰老，对灌浆结实产生影响。

（2）补施粒肥　临近抽穗和抽穗后施的肥称为粒肥，或壮籽肥、壮尾肥，其作用主要是促进灌浆结实，增粒、增重。对于前期施肥不足，表现脱肥发黄的田块，可于抽穗前后用1%的尿素溶液作为根外追肥，进行叶面喷施，可以延长叶片的寿命，防止根系部位早衰，同时还可以提高籽粒蛋白质含量，改善品质。对于有贪青徒长趋势的田块，可采用叶面喷施1%~2%的过磷酸钙或0.3%~0.5%的磷酸二氢钾溶液。

（3）防治病虫害　注意防治颈稻瘟、纹枯病。

（4）适时收获　收获过早，青米多，籽粒不饱满，产量低，且碾米时碎米多，出米率也低；收获如果太迟，稻粒容易脱落或者穗上发芽，造成损失。因此要选择合适时间进行收获。

第四章
现代果品
种植技术

第一节 桃

一、品种选择

早红珠单果重量为 100 克，近似圆形，果皮红色，果肉白色，油桃，质量上乘，产量大，适合储运，每年 6 月成熟，适合温室栽培。丹墨单果的重量为 100 克，圆形，果皮紫红色，果肉黄色，油桃，质量好，产量高，适合储运，每年 6 月成熟，适合温室栽培。大久保单果重量 220 克，近似圆形，果皮为带有红晕的黄绿色，果肉柔韧细嫩，多汁，味道甜，有香气，品质上等，离核，自花结实率高，结果早，丰产，每年 8 月中旬成熟。中华寿桃单果重量约为 250 克，果实为圆形，果皮淡绿色，自花的结果率为 70%，桃核较小，果肉和核分离，成熟时白底粉红色，抗各种病害，每年 10 月下旬成熟。

二、土壤与树体管理

（一）土壤管理

1. 深翻改土　桃树抗旱性强，不抗涝，不适应黏重的土壤，在落叶前后施加有机肥，结合换沙深翻改土，靠近树干周围宜浅，逐

114

渐向外加深，每年改变深翻改土和施肥的方位；同时雨季应特别注意挖排水沟防涝。

2. 中耕除草或刈草　早春灌水以后为了利于保墒，最好深耕，硬核期之后，为了防止伤根，应浅耕或刈草。

3. 间作桃园　间作物一般种植豆科作物、瓜类、薯类等，也可种植绿肥如苜蓿、毛叶苕子等。

（二）施肥

1. 施肥量　根据测定，桃树对氮、磷、钾元素的需求比例为 10∶（2~4）∶（6~16），即每产 50 千克果，施基肥（圈肥）50~100 千克，追施纯氮肥 0.35~0.40 千克，磷肥 0.25~0.30 千克，钾肥 0.50 千克左右为宜。

2. 施肥时期与方法

（1）基肥　为了方便春季萌芽和新梢生长的需要，桃树的基肥施加最好是秋天，在落叶前后配合秋翻进行施肥。施肥方法幼树以条沟施为宜，深度在 40 厘米左右。

（2）追肥　一般桃园全年追肥 2~3 次，以速效氮肥为主，配合以磷、钾肥。高产桃园或土壤肥力差的桃园可以追 4~5 次肥。追肥的时期为萌芽前或者开花前、开花后、硬核期、果实膨大期、采收后，前期为氮肥为主，后期为氮肥并配合磷、钾肥。追肥方法为条沟、环状沟、穴施等。

（3）叶面喷肥　全年可根据情况多次喷施，根据不同时期桃树对氮、磷、钾三要素的需求，选择相对应的肥料。一般进行叶面喷施氮肥时主要是尿素，浓度为 0.2%~0.5%；施用磷、钾肥时主要是磷酸二氢钾，浓度在 0.15%~0.3%；磷肥还可以用过磷酸钙、磷酸铵。

(三) 灌水与排水

在北方桃园，注意雨季以前的灌水，如萌芽前、开花后、果实迅速膨大期等时期注意灌水；封冻之前需要灌冻水，其他的时间可以根据下雨量或者土壤的墒情补充水分，桃树的灌水量大时容易引起裂果和品质下降。秋季一般应保持土壤干燥，过旱时应补充少量水分。桃园在雨季应注意及时排水。

(四) 整形修剪

1. 幼树期的修剪　定植后 3 年内为幼树期的修剪。幼树的生长势强，经常萌发大量的发育枝、长果枝以及大量的副梢果枝，花芽少并且着生节位高，坐果率低。此期修剪的主要任务是尽快扩大树冠，培养树形，促发各类果枝，促使早结果。因此修剪要轻不要重，除了骨干延长枝按照树形进行合适的轻剪长留，树冠的外围进行适当的疏枝，其他的枝条均轻剪或缓放，尽量利用副梢结果。

2. 初果期树的修剪　指定植后 4~6 年的修剪，此期树冠骨架基本形成，结果枝大量出现，但长势仍然很强，需要继续扩大树冠。根据树势选择主侧枝的修剪长度，生长旺盛的需要长留，弱者适当短留，注意开张角度。对结果枝适当多留轻剪，疏剪徒长枝和竞争枝等旺枝。继续培养主侧枝，应特别注意培养各类结果枝组。

3. 盛果期树的修剪　定植后 7~15 年进入盛果期，这一期间主枝逐渐开张，树势较为缓和，徒长枝和副梢逐渐减少，短果枝比例增加，生长与结果的矛盾突出，内膛小枝逐渐枯死，开始出现内膛光秃现象。修剪时应注意平衡生长与结果的关系，控制树冠的延伸，疏除过密枝以及先端的旺枝，改善光照条件，精细修剪枝组，及时更新衰弱枝组，防止结果部位往外移动，适当重剪果枝。

4. 衰老期树的修剪　一般是指 15~20 年以后的树的修剪，此

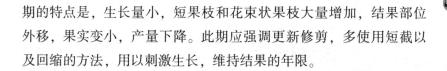

期的特点是，生长量小，短果枝和花束状果枝大量增加，结果部位外移，果实变小，产量下降。此期应强调更新修剪，多使用短截以及回缩的方法，用以刺激生长，维持结果的年限。

（五）提高果实品质

1. 人工疏果　疏果是桃树栽培管理中的重要步骤，一般在硬核期进行人工疏果，可使树体的养分集中供应，树体结果的数量减少，果实个体增大，一级果品率增加，果实品质得到改善。疏果的原则为长果枝留 2~3 个果；中果枝留 1~2 个果；短果枝、花束状果枝留 1 个果或不留果，也可每 2~3 个短果枝留 1 个果。留果量也可根据叶果比来确定，30~50 片叶留 1 个果。

2. 喷施多效唑　多效唑属于一种生长抑制剂，可以有效地控制桃树的生长，促进桃树花芽的分化，使桃树果实的品质得到提高。

3. 套袋、铺反光膜　定果后套袋，可使果面光洁，避免病虫危害，避免农药残留。在采收前 1 个月地面铺反光膜，可以增加果实的光照面积和强度，使果实着色好，含糖量高，品质佳。

第二节　苹　果

一、品种选择

优良的早熟品种包括嘎拉和藤牧 1 号等；优良的中熟品种有华冠、金冠、蛇果等；优良的晚熟品种包括新乔纳金、王林、国光和

富士等。

二、土壤和树体管理

（一）施肥灌水

1. 施肥　施肥包括基肥和追肥，施加基肥主要是农家肥，如粪肥、绿肥、堆肥、厩肥、饼肥、秸秆、杂草等；追肥时应以化肥为主，如硝铵、尿素、硫铵、硫酸钾以及过磷酸钙等。

施基肥时期大约在早熟品种采收后，中晚熟品种采收前最佳。

追肥时期主要为：花前肥，在春季果树萌芽前后（3月下旬至4月上中旬）进行；花后肥，开花后差不多2周时（5月中下旬）进行；催果肥，主要是花芽分化期以及果实迅速膨大时（约为6月份）施用；生长后期追肥，一般在8月下旬至9月份进行，目的在于解决大量结果造成树体营养亏损，满足后期花芽分化需要，提高树体贮藏营养的水平。

施肥量：以一斤果一斤肥为佳。

施肥方法：有土壤施肥、叶面施肥和树体注射施肥等。其中，土壤施肥是主要方式。进行土壤施肥时需要根据果树根系分布的特点，把肥料施加在树冠外缘附近，以20~30厘米深度为宜。

2. 灌水

灌水时期：花前水，芽萌动至开花前进行，以早为佳；花后水，在花后半个月至生理落果前进行；膨果水，即6月下旬至8月份，此期正值苹果的果实膨大期，需水量比较多；采收前后到土壤冻结前进行灌水，与果园深翻改土和秋施基肥相结合进行灌水。

灌水方式：可以归纳为3种类型，即地面灌溉、喷灌和定位灌溉。地面灌溉，一般只需要很少的灌溉设施，成本低，是我国目前使用最普遍的灌溉方式；
喷灌，亦称人工降雨；定
位灌溉，有 3 种形式，即
滴灌、微量喷灌和地下渗
灌。定位灌溉比喷灌更节
省水，可以保证一定体积
的土壤含有较高的湿度，
有利于根系对水分的吸

收，还具有需要水压低和进行加肥灌溉等优点。

（二）整形修剪

苹果树的主要树形分为纺锤形以及主干疏层形。为介绍苹果树
的整形修剪技术要点，以下以主干疏层形为例。

1. **幼树期修剪** 幼树期是指从定植到结果前，一般为 1~5 年
生树。此期修剪的主要目的是培养结构合理的骨干枝，为提早成花
结果和早期丰产创造条件。修剪的任务有：对骨干枝即主枝延长枝
以及中干的延长枝短截，其他的枝条轻剪慢放，尽可能快地增加树
枝量，尽早完成树形骨架，为结果做基础。

2. **初结果期树修剪** 初结果期是指果树刚开始结果到进入盛果
期，一般为 5~10 年生树。此期修剪的主要目的是继续培养骨干枝，
调整改造辅养枝和结果枝，使树体及早进入盛果期。修剪的目的是
选出上层主枝以及各层主枝上面的侧枝，平衡树势，强枝重剪，多
留花芽；弱枝轻剪，少留花芽。对过密的辅养枝可疏除，大部分可
通过回缩逐步改造成枝组。在主侧枝的背上可培养小型枝组，在主
侧枝的两侧和背后可培养大、中型枝组，使大、中、小型枝组在主
侧枝上面均匀地分布。

3. **盛果期树修剪** 此期为苹果大量结果而产量为最高的时期，

一般为 10~30 年。修剪的目的是防止大小年现象出现，维持生长和结果的平衡，延长丰产、稳产的时间。其任务是保证骨干枝的结构，不断更新枝组，改善光照，逐步落头，打开天窗。

4. 衰老期树修剪　此期苹果树产量逐年降低，一般为 30 年以后。此期修剪的主要目的是更新结果枝组和骨干枝，帮助树体复壮，保证产量稳定。修剪时利用局部生长的徒长枝培育枝组和骨干枝。重回缩骨干，对树冠进行培养更新。

(三) 提高果实品质

通过果树的花果管理，提高坐果率，控制结果数量，减少采前落果（中早熟品种），进而提高果实的品质，增加产量。采取人工辅助授粉、果园放蜂等措施可提高坐果率。对开花多、坐果量大的树适时进行疏花疏果，是提高果实品质和预防大小年的重要措施。采取果实的一些综合技术措施，如摘叶、套袋、转果、树下铺反光膜等，可以降低病虫害以及农药污染，从而显著提高果实的外观和内在品质，生产绿色食品。为提高套袋效果应把握好以下几个关键环节：

1. 选择袋型　目前用于生产的有纸袋和塑膜袋两种，纸袋又包括单层纸袋以及双层纸袋（日本小林袋、台湾佳田袋等）。从使用效果看，以套双层纸袋者外观品质最好，果面光洁，色泽鲜艳；单层纸袋和塑膜袋稍差，主要是色泽偏暗；套塑膜袋的阳面和外围果日灼概率偏高。

2. 套袋和除袋的时间　套袋的最佳时间是落花后的 30~45 天（5 月中下旬到 6 月中上旬）。除袋时间，中晚熟品种应在采收前 20 天左右（8 月下旬至 9 月上旬），晚熟品种在采收前 30 天左右（9 月底至 10 月上旬）为宜。除袋时，双层袋应先除外袋，3~5 天后再除去内袋。除袋最好选择阴天，晴天的中午前先把树冠东、北两侧以及内膛的果袋摘除，下午的时候去摘掉树冠西、南和外围的果袋。目的在于尽量缩小果实表面的温度差异，减少日灼伤害。

3. 套袋前管理 一是严格疏花疏果，否则留果太多，果实变小，留果质量不好，果形不正或者果实比较小，都容易影响套袋的效果。二是对病虫害进行防治，防止病虫进袋中对果实造成危害，近年发现粉蚜、康氏粉蚧、

黑点病等对套袋果的危害有加重的趋势，在套袋前必须有针对性地喷一次杀虫、杀菌剂，时间不能超过 7 天，否则要重新喷药后再进行套袋。

4. 摘叶、转果以及在树下铺反光膜 摘叶主要摘除严重影响果实获取光照的叶片以及枝梢。富士系品种在除袋后于 9 月底至 10 月上旬摘叶，摘叶量控制在总量的 30%。转果是促进果实阴、阳面均匀着色的一项技术措施。除袋后经 5~6 个晴天，果实阳面即着色鲜艳，就应及时转果。转果的时候，用左手夹住果梗的基部，右手抓住果实把阴面转到阳面，帮助其着色，如果转动的果实缺乏依托，可用透明胶布加以牵引固定，保持到适期采收。树下铺设银色反光膜是提高全红果率的一项技术措施。通过反射光使树冠中、下部果实特别是果实萼洼处受光着色。

第三节 梨

一、品种选择

梨具有适应性强，产量高，寿命长，果实可口，脆嫩多汁等优点，而且还具有益肺、润喉、止咳等功效。在我国水果栽培总面积和总产量中名列前茅，主要栽培品种有早酥、中梨 1 号、七月酥、华金、翠冠、初夏绿、早冠梨等。

二、土壤和树体管理

（一）施肥灌水

1. 需肥特点　和苹果比较，梨树萌芽更早，生长速度快，枝叶的生长主要在前期，果实快速膨大时期靠后，一直持续到成熟。需肥的关键时期有 2 个：第一个时期在 5 月份，是根系生长、开花坐果和枝叶生长旺盛期；第二个时期在 7 月份，主要是果实膨大高峰和花芽分化盛期。梨树对氮和钾的需求量比较高，前期时吸收的氮素量最大，后期时吸收氮素的水平明显降低，但是钾的吸收量却一直保持很高水平，对磷的需求相对较低，而且各个时期的变化幅度也不大。

2. 施肥

（1）基肥　同苹果一样，基肥是梨树肥水管理中最主要的一次肥料。提倡秋施、早施，最好是在采收前后（约为9月份）施肥，晚秋或者冬前施用的效果会降低。

（2）追肥　根据梨树年生长发育特点，追肥一要抓早，二要抓巧。追肥时期包括：萌芽开花前期追肥；花后或花芽分化前期追肥，一般在5月中旬至6月上旬进行；果实膨大期追肥，差不多在7~8月份进行；营养贮藏期进行追肥。施肥的时候应该控制施肥量，一般氮∶五氧化二磷∶钾为1∶0.5∶1。

3. 灌水　一年中，要重点抓好萌芽期、新梢旺长和幼果膨大期、果实迅速膨大期和越冬前4个关键灌水时期。

（二）整形修剪

1. 幼树的修剪　幼树指的是刚刚开始结果或者还没有结果的梨树。修剪的目的是根据预定树形的树体结构整形。修剪方法：在定植后第一、二年可选出第一层主枝。幼树修剪采用多留枝，少疏枝，多甩放，轻短截的方法，即可迅速扩大树冠。

2. 初果期树的修剪　梨树的初果期为5~12年。此时修剪的目的是以前期整形为基础，继续骨干枝的培养，增加中、短枝的比例。重点是结果枝组的培养，大致分为先放后缩法、先放后截法、先截后缩法、先截后放法、连截法、连放法。

3. 盛果期树的修剪　梨树的盛果期为树体生长13年以上。此期修剪的目的是通过调整生长和结果的关系，将盛果期延长。用多短截和回缩的方法更新枝组，防止大小年结果。

4. 衰老期树的修剪　梨树在50~60年生时会发生衰老现象。主要任务是更新复壮，增强果枝的结果能力。修剪的方法是把骨干枝回缩到生长比较结实的分枝地方，把老树上面的徒长枝以及强旺枝培养成为新的主枝、侧枝头和结果枝组，以弥补空间。

(三) 提高果实品质

1. 授粉受精　在梨树开花期要加强引蜂授粉以及人工辅助授粉工作。

2. 疏花疏果　在花量大、天气好的情况下，提倡先疏花、再定果。疏花在花序分离期进行，每花序保留2~3朵发育较好的边花就可以了，如果花序比较密集，也可以去掉一部分，花序的间距最好保持在15厘米左右。疏果在一次落果后至生理落果前均可进行，多采用平均果间距法，一般大果型品种如雪花梨、丰水梨等果间距30厘米以上；中、小果型的品种，果实间距可以缩短到20厘米左右。

3. 果实套袋　操作方法与苹果大同小异。由于梨果绝大部分品种都是黄绿色，因此选用单层纸袋就可以了，在采收前不需要撕袋。套袋最合适的时间是落花后的15~45天。近几年康氏粉蚧和黄粉虫等入袋害虫的危害有加重趋势，除加强套袋前的防治，套袋期间也应注意检查，发现问题及时处理。

第四节　草　莓

一、品种选择

草莓有很多品种，可以选用的有硕蜜、女峰、兴都2号、静香、丰香、丽红、春香、明晶、硕丰等。

二、土壤与树体管理

（一）栽植时期、方式、密度

华北地区草莓的定植时间差不多是花芽分化前的8月上中旬，也可以选在花芽分化后的10月上旬。但抑制栽培则必须在8月下旬前定植完毕，否则影响花芽分化，不利于当年丰产。

草莓推广高畦、地膜覆盖栽培。一般畦宽50厘米或者70厘米、高15厘米左右、畦间沟宽10~15厘米即可；畦为南北向，每畦栽种2~3行，每亩栽种8000~12000株。栽种时应注意将弓背向外，即花序伸出方向，深浅适度，达到上不埋心，下不露根。

（二）施肥灌水

1. 基肥　施足底肥，最好是充分腐熟的鸡粪，每亩差不多施用3~5立方米；也可以施用其他优质农家肥，亩用量3000~5000千克；此外，还要适当加入速效性肥料，如磷酸二铵（20千克/亩），生物钾肥（100~150千克/亩）等。

2. 追肥　土壤的追肥应选在扣棚保温以前，追肥时主要是氮肥，每亩追复合肥20千克或者10~13千克，结合进行灌水。在果实膨大期应再追肥1次，并要保证供水，小水勤浇，防止大水漫灌，进入采收期后，应适当控水。

3. 叶面喷肥　对叶面加强喷肥，在开花前要喷入磷酸二氢钾（浓度0.2%左右）和尿素，间隔时间为10~15天；开花后浓度降至0.1%，间隔时间7~10天即可。

施肥、灌水宜在傍晚进行，施后要实行相对低温管理，注意通风换气，防止室内空气湿度过高。

(三) 整形修剪

整形修剪的目的是减少营养的无效消耗，及时摘除抽生的匍匐茎和老叶，如果后期萌发的新茎分枝较多，可留下 2~3 个好的，其余去掉。

(四) 提高果实品质

1. 摘除匍匐茎 匍匐茎会大量消耗母株营养，影响坐果和果实生长，必须及早摘除。

2. 疏花疏果 草莓的花序是无限的，前面开的花结的果大而较早成熟，随着花序节次的增高，果实变小，高节次的花往往不能形成正常的果实。为此，必须进行疏花疏果，一般只保留 1~4 级花序的果，其余及早疏除，每株留果 10~15 个即可。

3. 垫果除叶 草莓的植株比较矮小，随着果实的长大，果序开始下垂，果实接触到地面以后容易被泥土污染，既影响着色与品质，又易引起腐烂和病虫害。因此，应在开花后 2~3 周，在草莓株丛间铺草，垫在花序下面，或者用切成 15 厘米左右的草秸围成草圈垫在果实的下面。经常摘除枯黄的老叶不仅可以节省养分，还可以通风透光，从而减轻病虫害的发生。摘除老叶时只需要将水平着生的枯黄叶去掉即可。

第五章

现代农业
贮藏技术

第一节 粮食贮藏技术

一、稻谷贮藏技术

（一）稻谷的贮藏特点

1. 不耐高温，易陈化 稻谷的胶体组织比较疏松，抵抗高温的能力也很弱，如果放在烈日下暴晒或者高温环境中烘干，均会增加爆腰率和变色，降低食用品质与工艺品质。高温还可导致稻谷脂肪酸值增加，品质下降。不同含水量的稻谷在不同的温度下贮藏，脂肪酸的含量都有不同程度的增加，加工大米的等级也会相对降低。水分的含量和贮藏的温度越高，脂肪酸值上升得越快，但是水分低的稻谷可以对高温产生较强的抵抗能力。

稻谷在贮藏过程中，特别是经历高温后，其陈化还表现在酶活性降低，黏性下降，发芽率降低，盐溶性氮含量降低，酸度增高，口感和口味变差等；稻谷即使没有发热，随着保管时间延长，也容易出现不同程度的陈化，这是由酶的活性降低导致的。一般新稻谷里面淀粉酶及过氧化氢酶活性很高，过夏后活性明显下降。据试验，过氧化氢酶在贮藏 3 年以后，活性下降为原来的 1/5，淀粉酶活性在 2 年以后就已测不出。

过氧化氢酶的活性密切影响着稻谷的生活力，稻谷中过氧化氢酶的活性如果降低，稻谷的发芽率也会相应降低，从而导致陈化劣变。稻谷的陈化速度，对于不同种类和不同水分、温度的稻谷是不同的。通常籼稻较为稳定，粳稻次之，糯稻最易陈化。水分、温度均低时，陈化的速度变慢；温度和水分都比较高的时候，陈化的速度就比较快。

2. **易发热** 新收获的稻谷生理活性强，早中稻入库后积热难散，在 1~2 周内上层粮温往往会突然上升，超过仓温 10~15℃，出现粮堆发热现象。即使水分正常的稻谷，也常出现此种现象。稻谷发热的地方一般是粮堆里面杂质多、温度较高以及水分高的部位，之后再扩散到四周，最终蔓延至全仓。杂质多的粮食或杂质聚积区（特别是有机杂质多的区域）含水量高，带菌量大，孔隙度小，所以易发热。此外，地坪的返潮或仓墙裂缝渗水以及害虫的大量繁殖、危害，都会产生热量。在所有的因素里面，水分过高引发的大量微生物繁殖是造成发热的主要因素。

3. **易变黄** 稻谷除在收获期遇阴雨天气，未能及时干燥，使粮堆发热产生黄变，在贮藏期间也会发生黄变，这主要与贮藏时的温度和水分有关。试验证明，粮温是引起稻谷黄变的重要因素，水分是另一个不能忽视的原因。粮食温度和水分相互作用，互相影响，共同促使黄变，粮食温度越高，水分越大，贮藏时间越长，黄变就越严重。据报道，气温为 26~37℃时，稻谷水分在 18% 以上，堆放 3 天就会有 10% 的黄粒米。水分在 20% 以上，堆放 7 天就会产生约 30% 的黄粒米；贮藏时，如果早稻水分为 14%，有 3 次发热，就会产生 20% 黄粒米；水分在 17% 以上，发热 3~5 次，则黄粒米可达 80% 以上。由此可见，黄变无论仓内仓外均可发生，稻谷含水量越高，发热次数越多，黄粒米的含量越高，黄变也越严重。

稻谷黄变以后，会降低发芽率和黏度，升高酸度，增加脂肪酸值和碎米数量，使品质明显变劣，对其食用品质和种用品质均有较大的影响。

黄粒米形成的原因，目前尚未有统一的认识，有人提出是美拉德反应使大米变黄、变褐，但也会有人认为稻米黄变主要还是因为微生物引起的。

（二）稻谷贮藏方法

1. 常规贮藏　常规贮藏方法是一种基本适用于各种粮食的贮藏方法，从粮食入库到出库，在一个贮藏周期之内，通过加强粮情检查，提高入库质量，根据季节的变化采取恰当的管理，防止病虫害，就可以做到基本的安全保管。

（1）控制水分　入仓稻谷水分高低是稻谷是否能安全贮藏的关键，一般早、中籼稻收获期气温高，收获后易及时干燥，所以入库时的水分低，可达到或低于安全水分，易于贮藏。但晚粳稻收获期是低温季节，不容易干燥，入库的时候水分一般会比较高，应该采取不同的办法干燥降水，春暖之前要将烘干设备处理完毕，如无干燥设备，可利用冬、春季节的有利时机进行晾晒降水，或利用通风系统通风降水，使水分降至夏天安全水分标准以下。稻谷的安全水分标准应随种类、气候条件以及季节来决定。一般而言，晚稻高一些，早稻低一些；粳稻要高一些，籼稻要低一些；冬季高一些，夏季低一些；北方高一些，南方低一些。

稻谷安全水分的标准还与成熟度、纯净度、病伤粒等有密切关系。另外，如果贮藏种用稻谷，为了保证发芽率，度夏时的水分应该低于安全标准的1%。

（2）清除杂质　稻谷中的杂质在入库时，由于自动分级现象常聚集在粮堆的某一部位，形成明显的杂质区。杂质区的有机杂质含水量高，吸湿性强，带菌量大，呼吸强度高，贮藏稳定性差。糠灰等细小的杂质容易减少粮堆之间的孔隙，致使粮堆里面的湿热不容易发散出去，这也是贮藏的一大不安全因素。因此，在入库前应尽可能降低杂质含量，确保储粮的稳定，通常将杂质含量降至0.5%以下，入库时要坚持做到"四分开"，即新粮与陈粮分开、干粮与湿度较大的粮分开，将不同的粮种分开，将虫蚀的粮和没有虫蚀的粮分开，提高贮藏的稳定性。

（3）通风降温 稻谷入库后，特别是早中稻入库时粮温高，生理活性强，堆内易积热，并会导致发热、结露、生霉、发芽等现象。因此，稻谷入库后，应根据天气特点适时通风，缩小粮温与外温及仓温的温度差，防止发热和结露。根据一些省市的经验，使用离心式风机，采取地槽通风、存气箱通风以及竹笼通风，在9~10月、11~12月、1~2月，利用夜间冷空气，进行间歇通风，可使粮温从33~35℃分段降为25℃左右、15℃左右和10℃以下，能有效地防止稻谷的发热和结露，保证贮藏安全。此外，还可以使用低压轴流式风机或者排风扇负压通风，同样可以获得通风效果，但可以显著节约投资费用和运行费用，是一种较理想的通风降温储量途径。稻谷在通风降温后，再辅以春季密闭措施，便可以有效防止夏季稻谷的发热。

（4）害虫防治 稻谷入库以后，特别是早中稻容易感染害虫。大多数危害粮食的害虫都会出现在稻谷贮藏期，主要的害虫有以下几种：米象和玉米象、谷蠹、锯谷盗、印度谷蛾、麦蛾等。因此，稻谷入库后应及时采取有效措施防治害虫。通常防治害虫多采用防护剂或熏蒸剂，以防止害虫感染，杜绝害虫的危害或者把危害限度降到最低，减少储存量的损失。

（5）低温密闭 在完成通风降温、防治害虫之后，冬末春初气温回升以前粮温最低时，因地制宜采取有效的方法，压盖粮面与密封粮堆，以长期保持粮堆的低温或准低温状态，延缓最高粮温出现的时间以及降低夏季的粮食温度。这种办法可以减少霉菌以及害虫的危害，也可以保证粮食新鲜，没有药物的污染，保证了粮食的卫生。尤其对稻谷来说，低温是延缓陈化的最有效方法。

2. 气调贮藏　稻谷的自然密闭贮藏和人工气调贮藏在长期的实践中均取得了较好的效果。自然密闭缺氧贮藏主要在于粮堆的密闭效果。缺氧的速度源于贮藏时的水分、温度以及粮食自身的质量，一般水分大、粮温高、新粮、有虫缺氧快。根据实践经验，对于新粮粮温为 20~25℃，粳稻水分为 16% 左右，籼稻水分为 12.5% 左右就可进行自然缺氧贮藏，但不同的温度、水分，达到低氧的时间也不相同。一些隔年的陈稻谷，降氧的速度比较慢，这时候就可以通过选择密封时机及延长密封时间等措施，提高降氧速度，尽快使粮堆达到低氧要求。一般可在春暖后，粮温达到 15℃ 以上密封，经 1 个月左右可使堆内氧浓度逐渐降低。但由于早稻收获后容易干燥降水，含水量不高，同时也没有明显的后熟期，因此想要获得合适的自然缺氧的效果，必须严格密封粮堆或辅以其他脱氧措施。采用人工气调贮藏能有效延缓稻谷陈化，同时解决了稻谷后熟期短、呼吸强度低、难以自然降氧的难题。目前，国内外应用较为广泛的人工气调是充入氮气和二氧化碳气调，尤其是充二氧化碳得到了广泛的应用，大量的实践证明充二氧化碳气调对于低水分稻谷的生活力影响不大，如水分低于 13% 的稻谷在高二氧化碳中贮藏 4 年以上，生活力只略有降低。但如果稻谷水分偏高，则高二氧化碳对生活力的影响将会是十分明显的。

二、小麦贮藏技术

（一）小麦的贮藏特点

1. 小麦的贮藏稳定性　小麦贮藏时耐高温，吸湿性强，后熟期比较长。

（1）后熟期长，稳定性好　小麦后熟期的长短因品种不同而异，一般以发芽率达 80% 为完成后熟的标志。大多数品种的后熟期差不多是两个月，少数会超过 80 天，其中白皮小麦的后熟期比较短，粮堆的上层容易出现结露、发热、生霉等不良变化。小麦在完成后熟作用以后，品质有所改善，保藏稳定性有所提高。

（2）耐高温　小麦可抗高温。根据研究表明，含水量超过 17% 的小麦，干燥的时候粮温低于 46℃；含水量不超过 17% 的小麦，干燥时粮温不超过 54℃，酶的活性不降低，不丧失发芽力，也不降低面粉品质，磨成的面粉品质反而有所提高，做成馒头松软膨大。根据其耐高温的特性，可以对小麦使用高温日晒或者高温密闭进行杀虫处理。

（3）吸湿性强　小麦吸湿能力及吸湿速度较强，在保藏中极易受外界湿度的影响，而使含水量增加，其中白皮小麦的吸湿性强于红皮小麦；软质小麦强于硬质小麦；瘪粒

小麦和被虫蛀的小麦强于饱满完整的小麦。吸湿严重的，可引起发热霉变和发芽，因而做好防潮工作，是小麦安全保藏中的一个重要环节。此外，小麦收获时正值高温盛夏时节，虽然有利于及时干燥入库，但也适合于害虫的活动，入库的新麦容易被感染，又因为小麦没有外壳保护，更容易遭到各种害虫伤害。这也是小麦能够安全保藏过程中要注意的一大问题。

2. 小麦贮藏期间的品质变化　小麦在贮藏中的劣变与陈化涉及一系列生物化学方面的变化，其中，糖类变化的总趋势为非还原

糖和总糖减少，还原糖增加。这种变化因小麦原有成分的分解而造成，不过需要注意的是还原糖没有增加，并非证明小麦的品质正常，因为在一般的贮藏条件下，小麦不可能不带霉菌，而霉菌的发展，正需要消耗小麦分解的还原糖。淀粉是构成小麦的主体，在所有成分中所占据的比例最大，淀粉在贮藏过程中糊化温度会升高，黏度会降低，可溶性直链淀粉的含量会变少等。

脂类在小麦中的总含量平均约为 3%，糊粉层和胚部含脂肪较多，胚乳中含脂肪较少，但胚乳中含有较高的类脂物如磷脂。脂肪在贮藏期间的变化主要分为水解和氧化，脂肪水解的结果是产生游离的脂肪酸，升高了脂肪酸值。脂肪酸值是判断小麦品质优劣的一大标准，新麦的脂肪酸值常为 10～20（毫克 KOH/100 克），在正常的贮藏条件下，其值缓慢增加，在不良贮藏条件下贮藏，脂肪酸值迅速上升。但要注意，在粮堆严重发热时，脂肪酸值并不是很高，这是因为粮堆的发热加速了霉菌的活动，霉菌把脂肪酸作为营养物质，消耗后的脂肪水解物虽然对人类无害，但这是脂肪进一步氧化酸败的有利条件，因此必须高度重视。脂肪的氧化作用会形成一些不稳定的过氧化物，过氧化物继续分解，最后形成具有异味的低分子醛、酮、酸类的物质，会使产品变苦变辣，这个过程被称为脂肪酸败。脂肪酸败的过程开始于游离脂肪酸的增加，而以苦辣味出现结束，酸败严重时，不仅会影响小麦的气味、滋味、还使粮食带毒，甚至完全失去食用价值。小麦蛋白质中最重要的部分是面筋，而面筋的含量与质量决定了小麦质量的优劣。在正常条件下贮藏的小麦，其蛋白质变化较慢，其间蛋白质的变化类型主要是水解和变性，其中以变性较为明显，过高温度烘干小麦易引起蛋白质的凝固变性，粮堆发热时，在不足以发生蛋白质热凝固时，便可降低面筋的弹性，随着温度的升高，就会完全不能成为面筋。蛋白质变性以后溶解度以及吸水能力都会降低，面筋的弹性以及延展性也会变差，甚至完全丧失。粮食发热或烘干不当，都可能导致蛋白质变性，一般温度达 55~60℃ 时，便可能发生蛋白变性。变性后的小麦不能作为种子。另外，小麦中积累不饱和脂肪酸也会对面筋造成一定程度的影响，不能形成面筋或者完全洗不出面筋，不过这些影响却能改善面筋的品质，可使面筋富有弹性、坚实，而形成物理性状良好的面团。

小麦在贮藏期间的另一特殊劣变现象是褐胚，这是指小麦在贮藏期间，特别是含水量偏高、感染霉菌、贮藏条件差的情况下，小麦胚部会变成棕色、深棕色甚至是黑色，褐色胚粒一般会被称为"病麦"或"胚损伤麦"。褐胚的发生和酶促褐变、非酶褐变及霉菌的感染有关。小麦出现褐胚后会导致其发芽率、生活力的降低和游离脂肪酸增加，同时对小麦的工艺品质也产生一定的影响，做出的面粉还有较高灰分，颜色深、筋力差，烘焙的品质不高。

(二) 小麦的贮藏方法

1. **常规贮藏** 小麦的常规贮藏也是主要的技术措施，以清除杂质、控制水分和提高入库粮质为主，同时在储存时做到"四分开"，加强虫害防治并做好贮藏期间的密闭工作。

2. **小麦热密闭贮藏法** 利用夏季高温对小麦进行暴晒，晒麦的时候需要掌握薄摊勤翻和迟出早收的原则，上午晒场变热以后，将小麦薄摊于晒场上，使麦温达到 42℃ 以上，最好是 50~52℃，保温 2 小时。为提高杀虫效果，有的地方采取两步打堆和聚热杀虫的方法，即在下午 3 点左右趁气温尚高时，先把上层的粮食收拢（第一次打堆），保证粮温比较低的底层粮食再次暴晒，然后把这一部分粮食收拢（第二步打堆）。聚热杀虫是把达到杀虫温度的粮食收拢，堆成 2000~2500 千克一堆，热闷 30 分钟至 1 小时，在下午 5 点钟之前趁热入仓。入仓小麦水分必须降到 12.5% 以下。入仓以后立刻平整粮面，使用晒热的草帘或者席子等将粮面覆盖，保证门窗密闭保温，要求有足够的温度及密闭时间。入仓麦温如在46℃左右则需密闭2~3周，才能达到杀虫的目的。然后可以揭去覆盖物降温，但要注意防潮、防虫。也可以不去掉覆盖物，到秋后再揭。热密闭时最好一次装满仓，防止因为麦温散失造成的仓虫复苏。

在进行热入仓时，应预先做好清仓消毒工作，仓内铺垫和压盖物料也要同时晒热。一般由于保温不好，而使热密闭失效，如囤存的小麦多在靠近席子处发生虫害，散存的多在门、窗附近容易发生虫害，因此要对这些部位进行重点保温。

小麦热密闭杀虫效果较好，麦温在42℃以下，不能完全杀灭害虫；麦温为44~47℃时，就具有100%的杀虫效果。害虫致死的时间，因不同虫种和虫期而有所不同，如粉螨卵在45℃的时候，致死的时间是50分钟。如果暴晒时的高温时间长，则入库以后高温的时间也比较长，杀虫效果更好。

对发芽率的影响：小麦收获后，不论是否完成后熟作用，经暴晒趁热入仓，保持7~10天高温，发芽率不会降低，而且还会提高。研究表明，未完成后熟与完成后熟的小麦，暴晒后趁热装入仓库，粮食温度保持在44~47℃，都能提高发芽率。

对品质的影响：热密闭的小麦由于水分低，生理活性很微弱，在整个贮藏期间，小麦的水分、温度变化很小，品质方面也无明显变化。研究表明，热入仓小麦从8月到来年1月的贮藏过程中，脂肪酸值没有明显的变化，可溶性糖、氮以及盐溶性氮的含量很少变化。热密闭小麦的出粉量及面筋含量比一般贮藏的均有增无减，而且面团持水量大，发面和制馒头的膨胀性能好。

3. 低温贮藏　低温贮藏可以帮助小麦长期安全贮藏。小麦虽然可以在高温下持续贮藏，但是品质会降低，陈麦在低温贮藏条件可相对保持小麦品质，这是因为，低温贮藏能够防虫、防霉，降低粮食的呼吸消耗及其他分解作用所引起的成分损失，以保持小麦的生命力。国外报道，干燥小麦在低氧和低温的条件下可以贮藏 16 年以上，品质变化很小，并且还能制成质量好的面包。低温贮藏的技术措施主要是掌握好降温和保持低温两个环节，特别是低温的保持是低温贮藏的关键。降温主要通过自然通风和机械通风来降低粮温，保持低温就要对仓房进行适当改造，增强仓库内的隔热性能或建设低温仓库，都能发展低温贮藏。

在我国，利用自然低温贮藏潜力较大，除华南地区气候较暖，大部分产麦区都有 -5~0℃ 的低温期，北方地区全年平均出现 0℃ 左右温度的时间可达 3 个月以上，这对低温贮藏小麦非常有利。低温贮藏的小麦，一般要求水分应低于 12.5%，这和小麦的耐低温性能有关系，含水分大的小麦，冷冻温度最好不低于 -4~6℃，这在我国东北严寒地区尤应注意。一般地区要选择隔热、密闭性能好的仓房，做好密闭压盖工作，增强防热、防潮性能，特别是高温季节，应检查粮情，防止外界的湿热空气进入仓库内使粮食结露。

小麦的低温贮藏以自然低温为主，各地也可根据气候特点与设备条件采取机械通风低温贮藏，但很少采用机械制冷及空调低温贮藏。

4. **气调贮藏**　在小麦的气调贮藏技术中，受到国内外广泛应用的还是自然缺氧贮藏。近年来，这种方法已经在全国范围得到推广，并收到了较好的杀虫效果。因小麦是主要的夏粮，收获时气温高，干燥及时，水分降低到 12.5% 以下，这时粮温甚高，而且小麦具有明显的生理后熟期，在进行后熟作用的时候，小麦的生理活动变得旺盛，呼吸强度变大，对粮堆的自然降氧十分有利。据河南经验，新小麦氧浓度可降至 1.8%~3.5%，有效地达到低氧防治害虫的目的。小麦降氧速率的快慢，与密封后空气渗漏的程度、小麦不同品种生理后熟期长短、粮质、水分、粮温、微生物以及害虫活动等有直接关系。只要管理合适，小麦收获以后趁热装入仓库，及时密封，粮温平均在 34℃以上，均能取得较好的效果。

如果是隔年的陈麦，其生理后熟期早已完成，而且进入深休眠状态，它的呼吸能力就减到非常弱的水平，因此不适合自然缺氧保存。这时可以采用微生物辅助降氧或者充氮气以及二氧化碳等气调方法实现对害虫的防治。

三、玉米贮藏技术

（一）玉米的贮藏特点

1. 原始含水量高，成熟度不均匀　玉米的生长期长，我国主要产区在北方，收获时天气已冷，加之果穗外面有苞叶，在植株上得不到充分的日晒干燥，故原始含水量较大，收获时籽粒含水量一般在 20%以上，高的可以达到 30%。而且因为果穗顶部和基部授粉的时间不一样，导致顶部含有很多不成熟籽。玉米含水量高，脱粒时容易损伤，所以玉米的未熟粒与破碎粒较多。这种籽粒在贮藏过程中极易遭受害虫、霉菌的入侵危害。

2. 胚部大，生理活性强　玉米的胚部比较大，差不多占据整个玉米粒体积的 1/3，富含蛋白质、脂肪以及可溶性糖，因此吸湿性强，呼吸旺盛。玉米在贮藏过程中有着许多变化，如易吸湿、生霉、发酸、变苦等。所有这些变化关键在于玉米的胚。

3. 胚的吸湿性强　玉米的胚部和其他的部位相比较有很大的吸湿性，因为其胚部含有大量的蛋白质以及无机盐，并且组织疏松，周围具有疏松的薄壁细胞组织，在大气相对湿度高时，这一组织可使水分迅速扩散于胚内；而在大气相对湿度低时，则容易使胚部的水分迅速散发于大气中。因此，玉米吸收和散发水分都是通过胚部的作用。一般干燥玉米的胚部，含水量会小于整体籽粒以及胚乳，而潮湿玉米的胚部，其含水量则大于整个籽粒和胚乳。但玉米吸湿性在品种类型间有差异，硬粒、马齿和半马齿型中，硬粒型玉米的粒质结构紧密、坚硬，籽粒角质胚乳较多，因此吸湿性要小于其他两个类型。

4. 胚部脂肪含量高，易酸败　玉米胚部富含脂肪，占整个籽粒中脂肪含量的 77%~89%，在贮藏期间胚部易遭受害虫和霉菌侵害，酸败也首先从胚部开始，故胚部酸度的含量始终高于胚乳，增加速度很快。贮藏期间，脂肪酸值会随着水分的增高而增大，在玉米总酸以及脂肪酸值增加的同时，发芽率会大幅度降低。

5. 胚部带菌量大，易霉变　玉米胚部营养丰富，微生物附着量较大。据测定，经过一段贮藏期后，玉米的带菌量比其他禾谷类粮食高得多，正常稻谷上霉菌孢子约在 95000（孢子个数/克干样）以下，然而正常的干燥玉米却有 98000~14700（孢子个数/克干样）。玉米的胚部吸湿以后，在合适的温度下，霉菌即大量繁育，开始霉变，故玉米胚部极易发霉。玉米生霉的早期症状是粮温逐渐升高，粮粒表面发生湿润现象，用手插入粮堆感觉潮湿，玉米的颜色较前鲜艳，气味发甜。继而粮食温度上升迅速，玉米胚变成了淡褐色，胚部和断面会出现白色的菌丝，接着菌丝体发育产生绿色或青色孢子，在胚部非常明显，这时会出现霉味和酒味，玉米的品质已变劣。再继续发展，玉米霉烂粒就不断增多，霉味逐渐变浓，最后造成霉烂结块，不能食用。

6. 玉米在贮藏期间的品质变化　贮藏过程中水分含量会对玉米品质造成较大影响，玉米水分在 15% 以上，淀粉酶活性加强，导致淀粉水解，还原糖明显增加。适合淀粉水解的条件也有利于加强呼吸作用，最终使玉米粒内淀粉和糖损失。发热玉米，水解酶活性增强，受霉菌感染的玉米粒，脂肪和淀粉分解过程加剧，水溶性氮含量随非水溶性氮的含量降低而增加，增加的幅度与感染程度密切

相关。

（二）玉米的贮藏方法

1. **玉米粒的贮藏** 充分干燥可以使玉米安全贮藏。研究发现，玉米的水分低于 12.5%，仓库温度约为 35℃ 时可以安全贮藏。

玉米成熟后抓紧时机收获，南方最好是带穗干燥之后再脱粒。北方由于气候寒冷，玉米收获后往往不能及时干燥，水分较高，这样的玉米在冬季要加强管理，到第二年春暖之后进行干燥，降低水分，使之安全度夏。水分超过 20% 的玉米，如果长期存放在 0℃ 以下的低温中，要做好防冻工作，同时降低水分。较多的杂质易发热生霉和招致虫害，因而玉米入仓前要过风过筛，清理杂质。

2. **玉米带穗贮藏** 使用高粱秆做成一个方形或者圆形的围囤，分层将玉米的果穗装进围囤里面，每层玉米之间装置一层横的或竖的通风笼。围囤外圈用草绳或麻绳捆住，顶部用草垫盖住。

这种方法贮存玉米果穗，孔隙大，利于通风降温降湿，同时，玉米籽粒的胚部藏在果穗内，不容易被害虫侵袭，穗轴和籽粒之间仍然保持联系，在保管初期，穗轴里面的营养仍然可以继续输送到籽粒内，可以促进籽粒后熟，利于贮藏。这种围囤贮藏玉米果穗的方法降水效果也很好，入囤果穗水分为 22% ~ 24%，到第二年 4 月初，可以自然干燥至 15% 以下。但是一到雨季，干燥后的玉米果穗非常容易吸湿，因此，为了防止玉米增加水分，必须在春暖雨季到来之前，及时出囤脱粒。

第二节 果品贮藏技术

一、苹果贮藏技术

苹果的原产地在中亚细亚、欧洲以及中国新疆，和葡萄、香蕉、柑橘并称为世界四大水果。其栽培面积之大、产量之高并且能做到周年供应等特点是水果中为数不多的。我国苹果生产主要集中在渤海湾、西北黄土高原和黄河故道三大产区。苹果的贮藏性比较好，市场需求量大。

（一）品种特性

苹果比较适合贮藏，不过品种不同、栽培的地区不同，苹果的贮藏特性也会有较大的差异。我国栽培的苹果品种 500 多种，通常晚熟品种较中熟品种耐藏，中熟品种较早熟品种耐藏。早熟品种中的黄魁、红魁、祝光等，果肉易发绵、腐烂，只能做短期贮藏。中熟品种中的红星、红元帅、金冠、红冠等，如果贮藏合适，贮藏时间可以延长到第二年的 2~3 月份。晚熟品种中富士、国光等在适宜的贮藏条件下，贮藏期至少可以达 8 个月，如果利用低温气调贮藏或冷却贮藏，则可周年供应，四季保鲜。

（二）生理特性

苹果是跃变型水果，在成熟期会产生呼吸高峰并且乙烯的产量也会增加。因此，贮藏苹果时应注意降低温度和调节气体成分，推迟呼吸高峰，延长贮藏寿命。

（三）贮藏条件

1. 温度　苹果的最佳贮藏温度是 $-1\sim4℃$。早、中熟苹果如果贮藏在普通果窖中，最好维持温度在 $0\sim4℃$。晚熟品种的苹果较耐低温，温度维持在 $-1\sim0℃$ 较好。冻藏的果实以维持窖温 $-6℃$ 为好，但时间也不宜太长，以免果实遭受冻害。

2. 湿度　苹果的贮藏环境要求其相对湿度保持在 $85\%\sim95\%$，特别是一些果皮较薄的苹果，如金冠等，更易因相对湿度小而皱皮收缩，采用塑料薄膜包装贮藏对保持果实饱满很有效果。

3. 气体成分　氧气和二氧化碳的最适比例依其果实种类和品种不同而异，通常气调贮藏苹果比较适宜的空气成分包括：$2\%\sim4\%$ 氧气、$3\%\sim5\%$ 二氧化碳，剩下的是氮和微量惰性气体。红富士苹果一般以氧气为 $2\%\sim3\%$，二氧化碳为 $3\%\sim5\%$ 为宜。贮藏初期维持 $7\sim10$ 天的 $8\%\sim10\%$ 高二氧化碳，对延长苹果贮藏期更为有利。另外，大型现代化气调库一般都装置有 C_2H_4 脱除机，控制 C_2H_4 低于 10 微升/升，将十分有利于苹果的贮藏。

（四）贮藏方法

苹果的贮藏方式很多，短期贮藏可采用沟藏、窑窖贮藏、通风库贮藏等常温贮藏方式。对于长期贮藏的苹果，应采用冷藏或者气调贮藏。

1. 沟藏、窑窖贮藏　在北方，沟藏是一种主要的贮藏方式，耐贮藏的晚熟品种十分适合这种方式，一般贮藏期维持在 5 个月左右，损耗较少。传统沟藏，冬季主要以御寒为主，降温作用很差。

窑窖贮藏在黄土高原地区（山西、陕西等）较常用。尤其是近年来，土窑洞加机械制冷贮藏技术，改善了窑洞贮藏前期和后期的高温因素对苹果产生的不利影响，将窑洞内贮藏的苹果的质量安全达到了现代冷库的贮藏效果，而制冷设备只需在入贮后运行 2 个月即可。

2. 通风库和机械冷库贮藏　通风库主要依靠自然降温来调节库内的温度，其缺点是秋天的果实入库的时候，库温还比较高，初春以后无法控制气温回升引起的库温升高，严重制约苹果的贮藏寿命。通风库的基础上，增设机械制冷设备，使苹果在入库初期就处于 10℃ 以下的冷凉环境，入冬后可以停止冷冻机的运行，仅依靠自然通风来降低温度，并且将适合的贮藏低温稳定下来，等来年春天温度回升时又可开动制冷设备，维持 0~4℃ 的库温。苹果冷藏，最好在采收后就能冷却到 0℃ 左右，采收后 1~2 天内入冷库，入库后 3~5 天内降低到适宜温度。

3. 气调贮藏　我国不同的气调贮藏方式对很多品种，如国光、元帅、金冠以及新近研发品种的贮藏起到延长的效果。常用的方法有塑料薄膜封闭贮藏和气调库贮藏。

（1）塑料薄膜袋贮藏　采收完苹果后应就地进行预冷和分级，果箱或者果筐里面套上塑料袋，将苹果装填进去，扎紧袋口，每袋构成一个密封的贮藏单位（聚乙烯或无毒聚氯乙烯薄膜，厚度为 0.04~0.07 毫米），用于苹果的贮藏保鲜。

（2）塑料薄膜帐贮藏　在通风库或者冷藏库里面，使用塑料薄膜封闭果垛贮藏，塑料薄膜一般选择 0.1~0.2 毫米厚的高压聚氯乙烯薄膜粘合成一个长方形罩，可贮数百到数千千克苹果。封好后，按苹果要求的二氧化碳水平，采用快速降氧、自然降氧方法进行

调节。

（3）气调库贮藏 苹果在气调贮藏时，只需要降低氧气的浓度就可以得到良好的效果，不过，如果增加一些二氧化碳的浓度也可获得较好的效果，但如能同时增加一定浓度的二氧化碳，贮藏效果会更好。如双变气调贮藏法，苹果可贮藏 150~180 天。入库时温度在 10~15℃维持 30 天，然后在 30~60 天降低到 0℃，之后将温度维持在−1~1℃；气体的成分在最开始 30 天的高温期，二氧化碳为 12%~15%，以后 60 天内随温度降低，相应降至 6%~8%，并一直维持到结束，氧气控制在（3±1）%，有较好的贮藏效果。

苹果气调贮藏中，有乙烯积累，可以用药用炭去除。如果使用小塑料袋对红星苹果进行贮藏和包装，药用炭放入重量为果实重量的 0.055%，就可以保持果实较高的硬度。

二、桃贮藏技术

桃原产我国黄河上游，具有营养丰富、美味芳香的特点，深受消费者喜爱。桃的品种较多，不同的成熟期以及种植方式使鲜桃在每年 4~10 月份都可供应市场。鲜桃的贮藏寿命较短，易腐烂变质，如果采取适宜的保鲜方法，可延长鲜桃供应期，提高经济效益。

（一）品种特性

不同品种的桃其耐贮性差异大，一般晚熟的品种较耐贮，中熟品种次之，早熟最不耐贮藏。选择用来运输和贮藏的桃，必须是具有优良品质，果实大，色、香、味俱全并且适合贮藏的品种。一般来说，按贮藏期长短，桃的品种大致可分为以下三类：

1. 耐贮品种 如冬桃、中华寿桃、深州蜜桃、肥城桃、河北的晚香桃、辽宁雪桃等，一般可贮藏 2~3 个月。

2. 较耐贮品种　北红、白凤、京玉、大久保、深州安桃、绿化 9 号、沙子早生以及肥城水蜜桃等一般都可以贮藏 50 ~ 60 天，贮藏后还有较好品质。

3. 不耐贮品种　如岗山白、岗山白 500 号、橘早生、晚黄全、离核水蜜、麦香、红蟠桃、春雷等，贮藏时间短，贮藏后风味较差，易发生果肉褐变。

（二）生理特性

桃是典型的呼吸跃变型水果，在贮藏期间会出现两次呼吸高峰和一次释放乙烯的高峰，乙烯释放高峰先于呼吸高峰出现。呼吸高峰出现越早越不耐贮。

（三）贮藏条件

不同品种的桃其适合的贮藏条件也不一样，一般而言，温度为 -0.5 ~ 2℃，相对湿度为 90% ~ 95%，氧气为 1% ~ 2%，二氧化碳为 4% ~ 5%，在这样的贮藏条件下一般可贮藏 15 ~ 45 天。

（四）贮藏方法

1. 简易贮藏　虽然桃不适合使用常温进行贮藏，不过由于货架保鲜的需要，也会用一些简易贮藏方法。应选择无斑痕和损伤的果实，逐个放入纸盒中，不要太挤，只放一层，放在阴凉通风处，只要不碰不压，可贮藏 10 天左右。

2. 冷藏　在低温贮藏过程中，桃容易受到冷害侵袭，如果温度达-1℃就会产生受冻的危险。因此，桃的贮藏适温为-0.5 ~ 2℃，适宜相对湿度为 90%~95%。在这种贮藏条件下，桃可贮藏 3~4 周或更长时间。然而，桃在低温下长期贮藏，风味会变淡，果肉褐变，特别是将桃移到高温的环境中后熟，其果肉容易发绵、变软、变干，果核周围的果肉变成明显的褐色，果皮的色泽暗淡无光。这是一种冷害现象，一般称为粉状变质或木渣化。在 2~5℃ 中贮藏的桃比在 0℃ 下的更容易发生果肉变质，例如在 4.5℃ 下贮放 12 天就会发生冷害。另外，贮藏温度不稳定，冷害也会更为严重，如果将桃 1~2 周内贮藏在 0℃ 中，再将温度调到 5~6℃，其果实受的损伤比一直在 5℃ 下贮藏的更大。在冷库内采用塑料薄膜包装可延长贮期。

3. 气调贮藏　一般而言，桃的气调贮藏比空气冷藏的贮藏期延长 1 倍。雪桃采用 0~5℃ 逐渐降温处理，硅窗保鲜袋进行包装，将氧气和二氧化碳的含量分别控制在 5% 和 3% 左右，果实可以贮藏 50 天，果肉的褐变受到明显的抑制。目前商业上推荐的桃贮藏环境中的气体成分为：在贮藏温度 0~3℃ 条件下，以氧气含量为 2%~4%、二氧化碳含量为 3%~5% 为宜。如果在气调帐或袋中加进泡过高锰酸钾溶液的沸石和砖块用来吸收乙烯，可得到较好的效果。

4. 间歇加温处理　冷藏和低温下气调贮藏的桃与间歇加温处理结合，可减少或避免果实产生冷害，延长贮藏期。国外通常将 0℃ 贮藏的桃每隔两周升温至 18~20℃，保持 2 天，转入低温贮藏，如此反复进行。另外一种比较简单的办法是每隔 10 天取出库里面的产品，放到常温中，经过 24~36 小时后，再放回冷库中，其间还可以将腐烂的果实剔除。气调贮藏时，升温间隔时间可长一些，每 3~4 周，将桃在 20℃ 以上的空气中放置 1~2 天。

5. 减压贮藏　使用真空泵抽取库里面的空气，当库里气压低于 1.33 兆帕以后，配合低温度和高湿度，利用低压空气进行循环，桃果实就不断地得到新鲜、潮湿、低压、低氧的空气，一般每小时通风 4 次，就能够去除果实的田间热、呼吸热及代谢产生的乙烯、二氧化碳、乙醛、乙醇等，保持果实处于一种长期的休眠状态，保持果实中的水分，减少消耗营养物质，其贮藏期可以比一般冷库延长3倍，产品保鲜指数大大提高，出库后货架期也明显延长。

(五) 贮藏期间的管理

桃在贮藏过程中应该调湿、降温、调节气体成分以及进行防腐处理，同时经常通风换气，减少库内乙烯的积累。贮藏中要勤检查，如有印痕、变褐、烂斑等情况，应立即取出，另行处理。在贮运和货架保鲜期间，也可采用一些辅助措施来延长桃的贮藏寿命。具体方法如下：

1. 钙化处理 在 0.2%~1.5% 的氯化钙溶液中浸泡 2 分钟或者使用真空浸渗几分钟桃的果实，沥干液体，置于室内，对中、晚熟品种一般可提高耐藏性。不同品种宜采用不同浓度的氯化钙溶液处理，浓度过小无效，浓度过大易引起果实伤害，表现为果实表面逐渐出现不规则的褐色斑点，不能正常地软化，味道苦涩等。根据资料报道称，大久保最适应的氯化钙浓度为 1.5%，布目早生的是 1.0%，早香玉的是 0.3%。

2. 热处理 用 52℃恒温水浴浸果 2 分钟，或用 54℃热蒸汽保温 15 分钟。用该法处理布目早生桃，与清水对照可延长保鲜期 2 倍以上，且室内存放 8 天还维持好果率 80%，果实饱满，风味正常。在生产过程中进行大规模处理时最好使用热蒸汽法，将果实放在二楼的地板上，在一楼烧蒸汽通过一处或多处进气口进入二楼，这样避免了桃果小批量的经常搬动，比热水处理操作简便、省工。

3. 薄膜包装 使用厚 0.02~0.03 毫米的聚氯乙烯袋单果包，既可单独用，也可以和钙化处理或者热处理共同使用，可得到较好的效果。

第三节 蔬菜贮藏技术

一、番茄贮藏技术

（一）贮藏特点

番茄属于呼吸跃变型的水果。其呼吸高峰开始在变色期，在半熟期达到最高，这时候的果实品质最佳，然后呼吸强度下降，果实衰老，完成转红过程。若采取措施，抑制这个过程，就可延长贮藏期。不同成熟度的番茄适宜的贮藏条件和贮藏期也是不同的。红熟果实在0~2℃的条件下进行贮藏最合适。绿熟的番茄最合适的贮藏温度是8~13℃，相对湿度是80%~85%。绿熟果实经半月贮藏即可完成后熟，整个贮藏期也只有1个月左右，若配合气调措施，进一步抑制后熟过程，贮期可达2~3个月。气调适宜的气体配比：氧气和二氧化碳的含量是2%~5%，空气中的相对湿度是85%~90%。贮藏期的绿熟的番茄如果处于8℃的温度下易受冷害，果实呈水浸状开裂，果面出现褐色小圆斑，不能正常后熟，极易染病腐烂。

被用来贮藏的番茄最好选择耐贮藏的品种，不同品种间，其贮藏也有很大差异性。

（二）贮藏方法

1. 简易常温贮藏 夏天和秋天可以利用通风贮藏库、土窑窖、地下室和防空洞等一些阴凉地方进行贮藏，将番茄装在浅筐或木箱中平放于地面，或将果实堆放在菜架上，每层架放 2~3 层果。要经常检查，随时挑出已成熟或不宜继续贮藏的果实供应市场。此法可贮 20~30 天。

2. 气调贮藏

（1）塑料薄膜帐贮藏 塑料帐内的气调容量一般是 1000~2000 千克。番茄自然成熟的速度非常快，因此，采摘番茄后应迅速预冷、挑选、装箱、封垛，最好用快速降氧气调法。但生产上常因费用等原因，采用自然降氧法，用消石灰（用量为果重的 1%~2%）吸收多余的二氧化碳。氧不足时从帐子的管口充入新鲜的空气。使用塑料薄膜对番茄进行封闭贮藏的时候，由于垛内的湿度大，因此容易使番茄患病。为此需设法降低湿度，并保持库内稳定的库温，以减少帐内凝水。另外，可用防腐剂抑制病菌活动，通常较为普遍应用的是氯气，每次用量约为垛内空气体积的 0.2%，每隔 1~2 天施 1 次，可明显地增加防腐的效果。不过氯气有毒，使用起来不方便，如果过量会产生药伤，可用漂白粉代替氯气，一般用量为果重的 0.05%，有效期为 10 天。用仲丁胺也有良好效果，使用浓度为 0.05~0.1 毫升/升（以帐内体积计算），过量时也易产生药害，有效期是 20~30 天，每个月使用 1 次。

番茄气调贮藏时间以 1.5~2 个月为佳，不必太长，既能"以旺补淡"，又能得到较好的品质，损耗也小。

（2）薄膜袋小包装贮藏 把番茄轻放进 0.04 毫米厚的聚乙烯薄膜袋里，每袋差不多放 5 千克番茄，袋口插入一根空心竹管，然后固定扎紧，放在适温下贮藏。也可单箱套袋扎口，定期放风，每箱装果实 10 千克左右。

（3）硅窗气调法 目前硅窗气调法所使用的基本上是国产甲基乙烯橡胶薄膜，这种方法省去了往帐中补充氧气和除二氧化碳的烦琐操作，而且还可排出果实代谢中产生的乙烯，对延缓后熟有较显著的作用。硅窗面积的大小要根据产品成熟度、贮温和贮量等条件计算而确定。

（4）适温快速降氧贮藏　使用制氮机或者工业氮气对气体成分进行调节，使用制冷剂调节空气温度，控制贮藏的温度为 10~13℃，相对湿度 85%~90%，氧气和二氧化碳均为 2%~5%，可以得到较理想的贮藏效果。

3. 石灰水贮藏法　配制 5% 的石灰水，加入二氧化硫气体，将溶液的 pH 值调节到 6，倒入装有番茄的封闭容器内，可贮 60 天，好果率达 98% 左右。注意食用前要用 6% 的双氧水浸泡 24 小时，用清水冲洗干净。此法适于小规模贮藏。

4. 冷库贮藏法

使用冷库贮藏法时一般调节温度为 11~13℃，相对湿度为 85%，在夏天时需要注意防暑降温，气温下降后则以防寒保温为主。每隔 7~10

天翻倒 1 次，已经成熟的要及时挑出供应市场。

二、蘑菇贮藏技术

（一）贮藏特点

刚刚采收的蘑菇含有较多水分，组织柔嫩，各种代谢都较为旺盛，消耗营养物质较快，比较容易衰老变质，另外，蘑菇体内的邻苯二酚氧化酶非常活跃，采后容易引起蘑菇变色。常温下，在正常的空气中，采后蘑菇1~2天内就会变色、变质，菌柄延长，菌盖开伞，颜色暗褐，食用品质降低，商品价值变小。蘑菇对温度以及湿度都较为敏感，采摘后如果处于高温中，容易开伞，不易长期贮藏，短期贮藏适宜温度为0~3℃，相对湿度95%以上为佳。同时蘑菇对二氧化碳有较强的忍耐能力，在适宜的温度和湿度条件下，降低贮藏环境中的氧气含量，同时适当地增加二氧化碳的浓度可以帮助延缓衰老，防止褐变，延长贮藏期，一般要求氧气的浓度是0%~1%，二氧化碳的浓度需要高于5%。

（二）贮藏方式

1. 气调贮藏

（1）自发气调　把蘑菇放进厚0.04~0.06毫米的聚乙烯袋里，利用蘑菇自身的呼吸创造一个低氧以及高二氧化碳的环境。包装不宜过大，一般以可盛装容量1~2千克为宜，在0℃下5天品质保持不变。

（2）充二氧化碳　将蘑菇装在0.04~0.06毫米厚的聚乙烯袋中，充入氮气和二氧化碳，并使其分别保持在2%~4%以及5%~10%，可以防止蘑菇开伞与褐变。

（3）真空包装　将蘑菇装在0.06~0.08毫米厚的聚乙烯袋中，抽为真空降低氧含量，0℃条件下可保鲜7天。

2. 冰藏法

在运输过程中，可以使用加冰块的方法帮助蘑菇降温，在容器内部铺一层塑料薄膜，其底部放4~6厘米厚的碎冰，在中部放置冰袋，四周放置蘑菇，装八成满时将四周薄膜向内折叠，膜上再盖厚约5厘米的碎冰，最后加盖运输。

3. 缸藏法

缸洗净，加入3~4厘米深冷水，上面铺设木架，把蘑菇摆放在木架上，使用塑料薄膜封口，放在低温环境中进行贮藏。

4. 药物处理

（1）盐水　蘑菇采后用 0.6% 的冷盐水清洗并浸泡 10 分钟，可起预冷作用，再用 0.1% 抗坏血酸或者 0.1% 柠檬酸进行漂洗，可得到较好的贮藏效果。沥干蘑菇，放进塑料袋中冷藏处理。

（2）焦亚硫酸钠　采后用 0.02% 焦亚硫酸钠洗去杂物，再放入0.05% 的焦亚硫酸钠中半小时，清水洗净后，沥干贮藏，有很好的护色作用。

三、菜花贮藏技术

（一）贮藏特点

花椰菜喜低温和湿润的环境，不抗高温，不耐霜冻，无法适应干燥，对水分有严格的要求。适宜的贮藏温度为 0~1℃，相对湿度以 95% 左右为宜，如果温度高了，花球易出现褐变，遇凝聚水霉变腐烂，外叶变黄脱落；如果温度过低，长期处于 0℃ 下又易受冻害；如果湿度太低或者通风量太大，就会导致花球失水萎蔫、变松，质量变差。花椰菜最适合的贮藏环境中气体成分要求氧气为 3%~5%，二氧化碳为 0~5%。花球在低氧高二氧化碳环境中可引起生理失调，出现类似煮后的症状，并产生异味而失去食用价值。机械伤害也会加速其衰老变质。

（二）贮藏方法

1. 假植贮藏　一些冬天不是很冷的地方，可以使用阳畦和简易贮藏沟进行假植贮藏。在立冬前后，把还没有长成的小花球连根带叶挖起，假植在阳畦或贮藏沟中，行距 25 厘米，根部用土填实，再把植株的叶片拢起捆扎好，护住花球。假植后立即灌水，适当覆盖防寒，中午温度较高时适当放风。等到寒冬时节，加上防寒物，并根据需要加水。假植地内的小气候温度在前期可以提高些，以促进花球生长成熟。至春节时，花球一般可长至 0.5 千克。该法经济简便，是民间普遍采用的贮藏方式。

2. 菜窖贮藏　经过预处理以后的花椰菜装进筐中，装约八成满后放进菜窖中码放成垛贮藏，垛的高度依据菜窖高度而定，一般为 4~5 个筐高，须错开码放。垛间保持一定距离，并排列有序，以便于操作管理和通风散热。为防止失水，垛上覆盖塑料薄膜，但不密封。每天轮流揭开一侧通风，调节温度和湿度。在贮藏期间需要经常检查，如果发现覆盖膜上凝聚了小水珠应及时擦掉，有黄、烂叶子随即摘除。应用该法贮期不宜过长，20~30 天为好，可用于临时吞吐周转性短期贮藏。

3. 冷库贮藏

（1）自发气调贮藏　在冷库里面搭建长宽高为 4.0~4.5 厘米×1.5 米×2.0 米的菜架，分成上下 4~5 层，菜架的底部铺上一层聚乙烯塑料薄膜作为帐底。将待贮花球码放于菜架上，最后用厚 0.023 毫米聚乙烯薄膜制成大帐罩在菜架外并将帐底部密封。花椰菜自身的呼吸作用，可自发调节帐内的氧与二氧化碳的比例，其中氧气的含量不能低于 2%，二氧化碳的含量不能高于 5%。通过开启大帐上面特制的"袖口"通风可控制氧气和二氧化碳的含量。最开始贮藏的几天花椰菜的呼吸强度较大，须每天或隔天透帐通风，随着呼吸强度的减弱，并日趋稳定，可 2~3 天透帐通风 1 次。贮藏期间 15~20 天检查 1 次，发现有病变的个体应及时处理。为防止二氧化碳伤害，可在帐子的底部撒上一些消石灰。菜架的中、上层的周围摆上高锰酸钾载体，即用高锰酸钾浸泡的砖块或泡沫塑料等，用来吸收乙烯，贮藏量与载体之比是 20∶1。大帐罩后也不密封，与外界保持经常性的微量通风，加强观察，8~10 天检查 1 次。以上方法可贮藏 50~60 天，商品率可超过 80%。

（2）单花套袋贮藏 使用厚约 0.015 毫米的聚乙烯薄膜做成长约 40 厘米，宽约 30 厘米的袋子，将准备贮藏的单个花球装入袋中，折叠袋口，再装筐码垛或直接码放在菜架上贮藏。码放时花球朝下，以免凝聚水落在花球上。这种方法能更好地保持花球洁白鲜嫩，贮期达 3 个月左右，商品率约为 90%。这种方法其贮藏效果比其他贮藏方法优良许多，可推广应用到有冷库的地方。使用这种方法须注意的是花椰菜叶片贮至两个月之后开始脱落或腐烂，如需贮藏 2 个月以上，除去叶片后贮藏为好。

第六章

稻谷和小麦的加工技术

第一节 稻谷的加工制米技术

稻谷制米指的是把稻谷加工成大米的生产过程。该过程是依据稻谷加工的要求和特点，选择合适的加工设备，按照一定的加工顺序组合而成的生产工艺流程，可分为清理、砻谷及砻下物分离、碾米及成品整理等。

一、稻谷的清理

（一）清理的目的

稻谷的生产、收割、运输以及贮藏都可能混进一些杂质，如果不提前将这些杂质去除，容易给稻谷加工带来很大的危害。稻谷中如混有麻绳、各种草秆，在生产中容易造成输送管道、喂料机器的堵塞，妨碍正常生产，降低设备的工艺效果和加工能力；混有沙石、金属等坚硬杂质容易破坏工作设备表面，甚至引发粉尘爆炸等事故；稻谷中如果含有泥土和灰尘，则易造成灰尘飞扬，污染车间的环境卫生，危害人体健康。稻谷中的杂质，若清理不净而混入成品中，则会降低产品纯度，影响大米的质量。因此，清除杂质是稻谷加工的重要任务。

（二）稻谷中杂质的种类

稻谷中的杂质各种各样，有的比稻谷大，有的小于稻谷，有的比稻谷重，有的轻于稻谷。

1. 稻谷中的杂质按化学性质分类　无机杂质包括泥土、沙土、煤渣、砖瓦、玻璃碎块、金属物（如铁钉）及其他无机物质。有机杂质包括稻壳、稗子、草秆、异种粮粒、野生植物的种子以及没有食用价值的生芽、病变粮粒（霉粒、变质谷粒、受虫害粒及其他有机物质）。

2. 稻谷中的杂质根据杂质的性质和清理作业的特点分类

（1）按其粒度大小　可分为大、中、小型杂质。a. 大杂：留存在直径为 5.0 毫米圆孔筛上的杂质；b. 中杂：能够通过直径为 5 毫米的圆孔筛，不能通过直径 2 毫米的圆孔筛的杂质；c. 小杂：通过直径 2.0 毫米圆孔筛下的杂质。

（2）按其相对密度的不同　可分为轻型杂质和重型杂质。a. 轻杂：相对密度较稻谷小的杂质（瘪谷等）；b. 重杂：相对密度大于稻谷的杂质。

混入稻谷的各种杂质中，以稗子和粒形、大小与稻谷相似的"并肩石""并肩泥"最难清除。

（三）清理的要求

清理稻谷里面的杂质时，需要根据稻谷里面含有杂质的重量和数量，选择合理的除杂方法与设备，以充分发挥设备除杂功效；根据各种杂质的物理特性，本着先易后难的原则加以清除；清除的杂质要分别归类，以便集中处理；多种除杂方法同时进行，达到作用互补的目的。

经过清理以后的稻谷即为净谷，其含有杂质的总量不能超过0.6%，含有沙石不超过 1 粒/千克，包含稗少于 130 粒/千克。

（四）稻谷清理的基本原理和方法

稻谷中的杂质尽管是多种多样的，但这些杂质与粮粒在颗粒大小、轻重及其他物理特性方面，总会存有一些差别。根据这些差别，选择相对应的清理方式，可以把这些杂质清除。常用的除杂方法包括筛选法、风选法、密度分选法、磁选法等。

①筛选法。筛选法是根据稻谷与杂质的粒度（宽度、厚度和长度）和形状的差异，选用具有一定形状和大小筛孔的筛面，通过物料和筛面之间进行相对运动来分离杂质的办法。这种方法在粮食加工厂中应用极为广泛，在粮食清理工序中，用于清除较粮粒小和大的各种杂质。各种筛选设备主要是利用一层或数层静止或运动的筛面进行筛理，亦即筛面是筛选设备的主要的工作部件。筛面配备了合适的筛孔，能够通过筛孔的物料被称为筛下物，不能通过筛孔的物料被称为筛上物。常用筛选设备有：初清筛、振动筛、高速筛和平面回转筛。

常用的筛面有冲孔筛板和金属丝编织筛网两种。筛孔的排列方式有平行排列和交错排列。筛孔的形状包括长形、三角形、圆形以及鱼鳞孔等。粮油生产工业上用得最多的就是金属丝编织筛。金属丝编织筛网的有效筛理面积比筛板大，适宜于筛理细小杂质，谷糙分离和成品、副产品的分级。

初清筛一般会被用在原粮的第一道清理，用于分离原粮中的麻绳、草秆、稻穗以及泥石块等大杂质和泥灰、草屑等轻杂质，它对于提高以后各边清理设备的除杂效率，防备灰尘污染车间、设备的堵塞事故有很好的作用。目前，许多米厂在原粮进车间前设置了初清筛。

振动筛属于粮食加工厂里得到最广泛应用的一种风筛组合，筛作为主要的清理设备，被用于分离原粮中的大、中、小杂质和轻杂质，经振动筛清理后，可去除全部大杂质、绝大部分小杂质及一部分轻型杂质。

在米厂中，高速筛一般被用来清除稻谷中的稗子，可以取得良好的效果。

平面回转筛一般用作初清之后，进一步分离中、小、轻杂质，即作为第二道、第三道筛选设备，但不适合分离长条纤维性杂质。

②风选法。形状、大小与稻谷差不多的杂质（瘪谷、谷壳、并肩石等）一般很难利用筛选的方法分离，但这些杂质在比重和气体动力学性质（如悬浮速度）方面与稻谷有着明显的差别。有的能被气流带走，有的则不能；有的吹得远，有的吹得近。利用稻谷与杂质在悬浮速度等空气动力学性质方面的不同，借助气流分离谷粒和杂质的办法被称为风选法。把稻谷和杂质放在水平或者倾斜气流中，悬浮速度小的物料被气流吹送的距离比悬浮速度大的物料要远，这样就能把它们分离。风选法在清理工序中，一般用于清除轻型杂质。

风选设备有很多种，我国农村经常使用的木风车就是简单的风选设备中的一种。目前，常用于粮食加工厂中的风选设备，大都与其他设备组合在一起使用，一般筛理设备都辅有风选装置，以此来提高设备的清理除杂效果。常用风选设备有吸式风选器和循环风选器。

③密度分选法。密度分选法主要是根据稻谷和杂质之间的相对密度以及悬浮速度或者沉降速度等物理特性的不同，利用它们在运动过程中产生的自动分级性，借助适当的设备进行除杂的方法。根据所用介质的不同，密度分选可分为干法和湿法两类。湿法以水为介质，利用粮粒和杂质的相对密度、在水中的沉降速度的不同来分离杂质。在稻谷加工厂，湿法只能用在加工蒸谷米时稻谷的清理。干法是以空气为介质，利用粮粒和杂质的相对密度、容重、摩擦系数以及悬浮速度的差异进行分离除杂。稻谷加工厂广泛应用此法去除并肩石，常用设备为密度去石机。

④磁选法。磁选法指的是使用磁力清除稻谷中磁性金属杂质的办法。当物质经过磁场的时候，因为稻谷不是导磁性物质，不受磁场的作用而能自由通过，稻谷中的金属杂质如铁钉、螺丝、铁屑等具有导磁性，在磁场中易被磁化，与异性磁极相互吸引而与稻谷分开。一般用到的磁选设备包括 CXP 型磁选器和永磁滚筒。

（五）稻谷的清理工序

清除稻谷中的各种杂质是稻谷加工过程中提高成品大米纯度，保证生产正常进行的重要工序。其主要是用最合理、最经济的工艺流程，清除稻谷中的各种杂质，以期达到砻谷前净谷的质量要求。同时，被清除的各项杂质中，含粮不允许超过有关的规定指标。稻谷清理流程一般为：

原粮→计量→初清→毛谷仓→筛选→除稗→去石→磁选→净谷

（六）稻谷清理效率的评定

用于稻谷清理杂质的设备比较多，清理杂质的方法也各不相同，因此，如果能够正确评定各种清理设备的工艺效果，将对了解设备的生产效果、设备存在的问题，提高操作技术，促进生产方面产生十分重要的意义。评定清理设备工艺效果的指标为净粮提取率以及杂质去除率。

$$杂质去除率 = \frac{清理前杂质含量 - 清理后杂质含量}{清理前杂质含量} \times 100\%$$

在进行杂质去除率的计算时，应该按照去除的各种杂质（大杂、小杂、轻杂、稗子等）进行分别计算。

$$净粮提取率 = \frac{清理后净谷量}{清理前净谷量} \times 100\%$$

二、砻谷及砻下物分离

如果把稻谷直接碾米，不仅消耗能量，降低产量，产生较多碎米，降低出米率，而且成品的色泽差，含谷多，纯度和质量都低，同时，稻壳含有大量粗纤维，不能食用，须剥除。因此，碾米厂都是将经过清理去杂后的净谷，先脱去颖壳，制成纯净的糙米，再进行碾米。

在稻谷的加工过程中，去掉稻谷颖壳的过程被称为砻谷，帮助稻谷脱掉颖壳的机械被称为砻谷机。砻谷后的产品称为砻下物。目前所使用的各种型式砻谷机，由于受机械和工艺性能的限制，不可能将入机稻谷一次全部脱壳，因此，砻下物不全部是糙米，而是由尚未脱壳的稻谷、稻壳、糙米以及糙碎等组成的混合物。砻下物分离指的就是把稻谷、稻壳以及糙米进行分离，糙米提取出来进行碾米，未脱壳的稻谷返回到砻谷机再次脱壳，一些副产品可根据其性质和用途不同进行分离，并加以合理利用。

砻谷产生的效果可直接影响后续工序的工艺效果，还可以影响成品的质量、产量、出品率以及成本。因此，要求砻谷时应尽量保护米粒完整，减少米粒的破碎和爆腰，以利于提高出米率；尽量避免糙米的光滑表面遭到破坏，以利于提高谷糙分离的效果；保持较高而稳定的脱壳率，方便提高砻谷机的产量；必须节省动力，降低物料的消耗，降低生产成本。

（一）砻谷

砻谷是根据稻谷籽粒结构的特点，由砻谷机施加一定的机械力而实现的。根据脱壳时的受力和脱壳方式，稻谷脱壳的方法通常可分为挤压搓撕脱壳、端压搓撕脱壳和撞击脱壳三种。

1. **挤压搓撕脱壳** 指的是让谷粒的两侧受到两个不同运动速度的工作面的挤压和搓撕，从而脱去颖壳的方法，设备主要有胶辊砻谷机和辊带式砻谷机。

2. **端压搓撕脱壳** 指谷粒长度方向的两端受两个不等速运动的工作面的挤压、搓撕而脱去颖壳的办法，使用的设备主要是砂盘砻谷机。

3. **撞击脱壳** 指高速运动的粮粒与固定工作面撞击而脱去颖壳的方法，设备主要有离心砻谷机。

（二）稻壳分离

稻谷经过砻谷脱掉的稻壳，又被叫作大糠。因为稻壳的比重小、容积小、流动性差，如果砻谷后不及时将其分离，就会影响后续各工序的工艺效果或正常生产。例如在谷糙分离中，若混有大量的稻壳，必然会影响谷糙混合物的流动性，使之不能很好地形成自动分级，将会降低分离的效果；回砻谷中如果掺杂了太多的稻壳，就会降低砻谷机的产量，消耗动力，因此，稻壳分离工序必须紧接砻谷工序之后。

稻壳分离利用稻壳与谷糙的物理性质上的差异使它们相互分开。稻壳的悬浮速度与稻谷、糙米有比较大的差异，因此，风选法是帮助谷壳分离的最好办法。除此以外，还可以利用谷壳的相对密度、容重、摩擦系数等也有较大差异的特点，先使砻下混合物产生自动分级后再与风选法相配合，这样更有利于风选分离效果的提高和能耗的降低。一般是在砻谷机下部装有稻壳分离装置。经过风选分离的稻壳需要回收，这属于稻谷加工过程中一项重要工序。稻壳需要全部收集回来，以便贮存、运输、综合利用，并要使排出的空气达到规定的含尘标准，以免污染空气，影响环境卫生。稻壳收集常用方法：重力沉降法和离心沉降法。

（三）谷糙分离

经过稻壳分离以后，剩下的谷糙混合物必须在碾米以前分离出来，把没有脱壳的稻谷和糙米分开的过程称为谷糙分离。分离出纯净的糙米进碾米机碾制，并把分出的稻谷再返回砻谷机进行脱壳。

谷糙分离是根据谷粒和糙米在容重、粒度、摩擦系数、悬浮速度、相对密度以及弹性等物理特性方面的差异，借助于谷糙混合物在运动过程中产生的自动分级，即稻谷上浮而糙米下沉，采用合适的机械运动形式和装置而进行分离和分选。目前碾米厂广泛使用的谷糙分离设备是重力谷糙分离机以及选糙平转筛两种。

经过谷糙分离所分出的糙米，要求基本不含稻谷（部分指标要求糙米中含谷不超过40粒/千克）。糙米如含谷过多，则会影响碾米的工艺效果，降低成品大米的质量。经谷糙分离后所分离的稻谷，又叫回砻谷，该种稻谷要求含有较少的糙米（不超过10%），否则将会影响砻谷机的产量、胶耗和动力消耗，还会使糙米受到损伤，增加碎米和爆腰，影响出米率，同时还会使糙米表面沾胶发黑，降低成品大米的质量。由此可见，谷糙分离是稻谷加工中必不可少的一道工序，并且工艺要求很高。

三、碾米

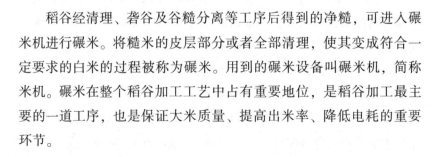

稻谷经清理、砻谷及谷糙分离等工序后得到的净糙，可进入碾米机进行碾米。将糙米的皮层部分或者全部清理，使其变成符合一定要求的白米的过程被称为碾米。用到的碾米设备叫碾米机，简称米机。碾米在整个稻谷加工工艺中占有重要地位，是稻谷加工最主要的一道工序，也是保证大米质量、提高出米率、降低电耗的重要环节。

(一) 碾米目的与要求

糙米的表层含有很多粗纤维，人体不容易消化；此外，糙米不容易吸水和膨胀，不仅增加了蒸煮的时间，降低了出饭率，而且颜色深，黏性差，口感不好。因此，糙米必须通过碾米过程将其皮层除去。

糙米去皮程度决定了大米的精度。糙米去的皮越多，成品大米的精度就越高，不过营养成分流失越严重。各种等级的大米，除了留皮程度不同，还有其他如含杂、含碎等不同指标。

在糙米碾白过程中，应在保证成品大米符合规定质量标准的前提下，尽量保持米粒完整，减少碎米，提高大米的强度以及出米率，降低成本，保证生产安全。

(二) 碾米基本原理

糙米的皮层比较光滑，韧性较高，与胚乳之间有一定的联结力，因此，去除皮层，就需要有一定的外力来破坏这种联结力。目前经常被用到的各种碾米机，就是利用了米机碾白室构件与米粒之间产生的机械力作用以及米粒与米粒之间的碰撞摩擦力来使糙米碾白的。按去皮的不同作用性质，一般可将碾米分为擦离碾白、碾削碾白及混合碾白三种。

1. 擦离碾白　在日常生活中，使用钝器刮土豆片的方法就是一种简单的擦离去皮过程。钝器沿着土豆的表面做相对运动时，钝器与土豆之间就产生了摩擦，当摩擦力大到一定程度时，土豆皮便被剥离。同样的道理，擦离碾白是碾米时依靠米机辊筒对米的推动和翻动造成米粒在碾米机碾白室里面和碾白室构件（米刀、米筛），以及米粒和米粒之间进行摩擦和挤压，这种强烈的摩擦与挤压作用使糙米皮层沿着胚乳表面产生相对滑动，并被拉伸、断裂，直至擦离，从而达到碾白的目的。

擦离碾白碾出的成品色泽明亮，表面光洁，不过这种方法必须在很大的压力下才能进行，米粒在碾白室内受到较大的压力，碾米过程中容易产生碎米，故不宜用来碾制皮层干硬、籽粒极脆、粒形细长、强度较差的糙米，适合于加工强度大、皮层柔软的糙米。

典型的擦离式碾米机是铁辊筒碾米机，这种机器的特点是机内的压力比较大，而辊筒转速较低。

2. 碾削碾白　仍以土豆去皮为例，如果用刀削去土豆皮层，这种方式则与米机碾削米粒皮层的方式是相类似的。碾削碾白是在碾米时，借助高速转动的金刚砂辊筒表面无数密集微小、坚硬、锐利的砂刀切割、碾削糙米的皮层，将米皮破裂、脱落，实现糙米的去皮碾白。

这种碾白方式所需碾白压力较小，产生的碎米较少，适宜于碾制皮层干硬、结构松弛、强度较差的粉质米粒，但碾削碾白会使米粒表面留下砂粒去皮洼痕，因此碾制的成品表面光洁度和色泽都比较差。同样的，这种碾白方法碾制的米糠，会含有细小的淀粉粒，如果被用来榨油，对出油率将造成影响。

在此需要指出的是，上述两种碾白方式并不是单一地存在于碾米机内，实际上任何一种碾米机都有擦离作用和碾削作用，只是以哪种碾白方式为主而已。碾辊为圆柱（四锥）形的立式砂辊碾米机属于典型的碾削式碾米机。这种机器的特点是机内的压力比较小，辊筒转速高。

3. 混合碾白　它是一种以碾削去皮为主，擦离去皮为辅的碾白方式。它综合了以上两种碾白方式的优点，可以降低碎米，提高出米率，改善米色，是目前运用较多的一种碾米方式。碾米的时候最好先用高速转动的砂辊碾削糙米皮层，之后用砂辊表面的筋或者槽在米粒与米粒之间、米粒与碾白室构件间产生一定的擦离作用。

我国目前使用的碾米机有很多种，常用的有铁辊筒碾米机、双辊碾米机、砂辊碾米机、喷风碾米机、立式金刚砂碾米机等。

4. 碾米工艺效果的评定

碾米工艺的效果，一般从以下几方面评定：

①精度。大米精度是评定碾米工艺效率最基本的指标。评定大米的精度，应以国家统一规定的标准米样作为依据，使用感官鉴定法分析碾米机产出的成品大米和米样留皮、留胚、留角、色泽的情况符不符合。

精度评定主要是看留皮情况，其他各点仅供参考。由于原料及米机的不同有时会稍有出入，这是正常现象。

②碾减率。糙米碾白时，因为皮层以及胚的脱落，其体积和重量都会减少，减少的百分数就是碾减率。由于碾减的大部分为皮层，碾减率又称脱糠率。米粒的精度越高，其碾减率越大，一般重量减少 5%～12%。

③糙出白率。糙出白率指的是出机白米的数量占进机糙米数量的百分率。这是评定碾米工艺效果的一项重要标准。

$$糙出白率 = \frac{白米重量（千克）\times（1-含糠）}{净糙重量} \times 100\%$$

需要注意的是，加工精度越高，其碾减率越大，出米率就越低。因此，在评定碾米机的出米率时，首先要求精度相同，然后才进行效果的评定。

④碎米率与增碎率。碎米率是指出机白米中碎米所占的百分数。

它是评定成品大米是否合乎质量要求的主要指标。

$$碎米率=\frac{白米中碎米的重量（千克）}{白米的重量（千克）}\times100\%$$

碎米率既和碾米机有关，又和糙米含碎的多少有关，因此，在进行碾米机工艺性能评定的时候，需要增加碾米机增碎率。

增碎率是指出机白米中碎米率较进机糙米中碎米率的增加量。

增碎率＝出机白米碎米率－进机糙米碎米率

⑤糙白不均率。这是白米精度不一致的反映。

$$糙白不匀率=\frac{糙白不匀米粒数}{试样米料数}\times100\%$$

所谓糙白不匀米粒，即较标准米样的精度（主要是去皮程度）上下相差一级的米粒。糙白不均率降低，说明了碾米机的工艺性能优良。

⑥含糠率。指出机白米中所含米糠的百分数。

$$含糠率=\frac{白米中糠的重量（千克）}{白米重量（千克）}\times100\%$$

对于米厂来说，米机的电耗、产量都是进行碾米工艺效果评定的重要经济指标。

四、成品及副产品整理

（一）成品整理

经过碾米机碾过的白米，中间混杂了米糠以及碎米，并且米的温度比较高，不仅影响了成品的质量，而且也不利于大米的贮藏。因此，出机白米在成品包装前必须经过整理，使成品大米的含糠、含碎率符合标准要求，米温降到利于贮存的范围，还须根据国家规定的成品含碎标准来分级。除此之外，百姓生活水平得到提高，高品味以及高质量的大米逐渐受到消费者的青睐，为此可将大米进行表面处理，使其晶莹光洁；也可将大米中所含异色米粒（主要是黄粒米，即胚乳呈黄色，与正常米粒色泽明显不同的米粒）去除，以提高其商品价值，改善食用质量。白米经过整理的过程就是成品整理。成品整理一般包括擦米、凉米及白米分级、抛光、色选等工序。

1. 擦米　擦米主要是通过轻微的摩擦把黏附在白米表层上的糠粉擦除，保证白米光洁，提高成品的外观和色泽，亦有利于大米的贮藏和米糠的回收利用，还可使后续白米分级设备的工作面不易堵塞，保证分级效果。擦米过程中，因为白米籽粒强度较低，故擦米作用要求缓和，不应强烈，防止产生太多的碎米。出机的白米经过擦米以后，产生的碎米不能超过 1%，含糠数量不能超过 0.1%。随着碾米技术日益进步，加工设备不断更新，现在绝大多数碾米厂已不单独配置擦米设备，往往是利用抛光机进行擦米。

2. 凉米　凉米可以降低米的温度，方便大米的储藏，特别是在加工高精度大米的时候，米温一般比室温高 15～20℃，如不经冷却立即打包进仓，易使成品发热霉变。凉米一般都在擦米后进行，并把凉米与吸糠有机结合起来。

需要注意的是，热米冷却的过程必须逐步进行，如果骤然冷却，会生成爆腰。凉米的方法包括自然冷却和通风冷却，一般常采用通风冷却的方法。以往凉米设备使用凉米箱，体积大，效果不甚理想，现今大都采用风选器或流化槽。流化槽不仅可起到降低米温的作用，而且还可吸除白米里面的糠粉，提高成品米的质量。

3. 白米分级　白米分级是指将白米分成不同含碎等级的工序，是成品整理中的主要部分。其目的主要是根据成品质量要求把超过标准的碎米分离出来。具体操作是利用碎米以及整米的长度之差和运动中的一些自动分级现象分离出超过标准的碎米。

世界各国把大米含碎量作为区分大米等级的重要指标。所以白米分级是为了适应国际上大米质量的特殊要求（一般按大米中含碎米多少定级而设置的一道工序），精度相同的大米，往往因为含碎不同而使价格产生巨大差距。含碎比较少的大米比含碎多的大米价位高出很多，蒸煮米饭的品质亦好得多，所以在碾米时尽量降低碎米率。

白米分级使用的设备有：白米分级平转筛、滚筒精选机等。通过白米分级筛的处理，可以分出小碎米、大碎米以及成品大米，然后按照要求的等级标准进行处理。

4. 抛光 抛光实质上是湿法擦米，它是将符合一定精度的白米经着水、润湿以后送入抛光机内，在一定的温度下，米粒表面的淀粉糊化，使米粒的表面不黏附糠粉、不脱落米粉、晶莹光洁。抛光不仅可以提高成品大米的质量和商品价值，还有利于大米的储藏，保持大米的新鲜度，提高大米的食用品质。

大米抛光和碾米不一样，因为白米籽粒的强度差，抛光时不仅要求抛光的效果好，米粒光亮洁净，还要求减少抛光过程中产生碎米。过去我国研制的擦米机、刷米机，其作用与大米抛光机类似，但其抛光效果已不能满足目前要求。20 世纪 80 年代后期，国内科研院所和粮机生产厂家通过对白米抛光进行研究，先后生产出不同形式的大米抛光机，提高了大米的抛光技术；20 世纪 90 年代以后，国外谷物加工机械的著名公司如日本佐竹公司、瑞士布勒公司的大米抛光机进入中国市场，其优良的制造质量和良好的抛光效果，使其产品占领了中国不少市场。

5. 色选 色选主要利用光电原理，把大量散装产品里面颜色不正常或者遭受病虫害侵袭的个体（粒、块或球）以及外来夹杂物检出并分离的操作。色选是提高大米质量有效方法。稻谷在储藏过程中，由于发热等原因，会使一部分稻米变质，成为黄粒米。黄粒米含有对人体有害的成分，成品大米里面含有的黄粒米既影响了大米的商品价值，还影响了消费者的身体健康，必须尽可能地清除。由于黄粒米与正常白米之间无一般物理特性上的差异，无法用常规清理方法将其清除，只能利用黄粒米与白米之间在颜色、反光率的差异，用光电比色的方法和设备将其剔除。利用颜色的差异还可以去除掺入米里面的小玻璃和煤渣等异色粒。用来剔除异色粒的设备叫作色选机。

（二）副产品整理

从碾米及成品整理过程中所得到的副产品是糠秕混合物，里面不仅含有米糠、米秕（粒度比小碎米小的胚乳碎粒），并且因为米筛筛孔破裂或者因为操作不当等原因，也会包含完整的米粒。米糠具有较高的经济价值，不仅可制取米糠油，而且还可从中提取谷维素、植酸钙等产品，也可用来做饲料等。米秕的化学成分与整米基本相同，因此可作为制糖、酿酒的原料。完整的米粒需要送回米机继续碾制，以期得到较高的出米率。碎米可被用来生产高蛋白米粉、制取饮料、酿酒、制作方便粥等。为此，需将米糠、米秕、碎米和整米逐一分出，做到物尽其用，此即为副产品整理。

整理副产品时常使用风、筛相结合的办法，常用的筛选设备包括圆筛、振动筛、平面回转筛等，风选设备有木风车、吸式风选器、糠秕分离器等。

第二节 小麦的加工制粉技术

　　小麦是世界上主要的粮食作物，属于最早栽培的作物之一。目前，我国小麦的种植面积和总产量仅次于水稻，居我国粮食作物第二位。小麦是我国北方人民的主食，自古就是滋养人体的重要食物。

　　小麦的整个皮层的构造都比较紧密、坚韧，而且含有很深的腹沟，不可能做到既碾下皮层又保证胚乳不碎，因此小麦不能制米，只能磨粉。目前全世界的小麦一般都用于磨粉，这是小麦食品加工的主要途径。小麦制粉是一门古老的技术，随着社会发展，我国小麦制粉技术也在不断地改进，生产设备、企业管理和产品档次等多个方面都有所进步。

　　小麦面粉中含特有的面筋质，具有良好的烘焙特点，从而赋予其广泛的用途。以小麦面粉为原料的面制食品种类繁多，小麦加工的副产品麸皮与胚芽等，也可开展广泛的综合利用。胚芽的营养成分含量高，纤维含量比较低，可以直接制作各类胚芽食品（麦胚片、麦胚油等）。此外，还可进一步提取维生素 E、十八碳醇、谷胱甘肽等保健物质。麸皮则可以通过化学、物理、微生物等方法，提取麸皮蛋白、植酸和抗氧化剂，其工艺不甚复杂，而经济效益比较可观。由于麸皮包含了丰富的食用纤维，因此也可以作为食品的纤维强化剂以及品质改良剂，或者直接开发生产麸皮食品。

　　小麦制粉指的是把小麦加工成小麦粉，依据营养要求、面粉的用途不同以及食品质量要求，通过小麦搭配加工或面粉调配，生产出多用途、多品种的面粉，以满足人们日常生活和工业生产的不同需要。小麦制粉工艺包括清理和制粉两大部分。

一、小麦清理

（一）小麦清理的目的

小麦的生长、收割、脱粒、贮藏以及运输会掺入一些石子、尘土、麦壳、铁屑、杂草种子等杂物。小麦中杂质会降低面粉纯度，使面粉中掺入有害成分，危害人体健康，降低小麦制粉的出粉率，有时还会损坏机器，造成事故。这种未经清理的原粮，在制粉厂中称为"毛麦"。

一般而言，小麦清理是为了使小麦达到入磨净麦的质量要求，利用各种清理设备去掉小麦中掺杂的杂质，同时对麦粒的表面进行清理。

（二）小麦清理的基本原理和方法

小麦中杂质虽然种类繁多，但它们与小麦在物理特性方面存在着某些差异。因此，一般的清理原理以及方法依据小麦和杂质之间明显的差异，包括以下几种：根据空气动力学特性的不同——风选法；磁性的不同——磁选法；强度不同——撞击法；颗粒形状的不同——精选法；颗粒大小的不同——筛选法；相对密度的不同——干法相对密度分选和湿法相对密度分选。

除了利用和稻谷清理一样的筛选法、风选法、密度分选法、磁选法，为了达到更理想的除杂效果，小麦清理还采用以下方法：

1. 精选法 有时候小麦中掺杂的杂质的宽度、厚度以及比重和小麦接近，如大麦、荞子和燕麦等不同种类的粮粒或杂草种子。这些杂质如磨入面粉中会影响粉色，含量较多还将影响面粉的烘焙性质。根据杂质与小麦籽粒长度和形状的不同进行清理的方法称为精选

法。用来精选的设备被称为精选机。精选机分为三种，即螺旋精选机、滚筒精选机以及碟片精选机。

2. 打麦　打麦是利用小麦与杂质强度的差别，采用对物料有打击作用的机械，将强度低的杂质打碎，从而把这些杂质分离出来的方法。

通过筛选、去石、精选、磁选，小麦中的大部分杂质虽然被清理，但是麦粒的表面还没有足够的干净。因此在小麦入磨之前必须将黏附在麦粒表面上的灰尘、麦毛、微生物、虫卵、嵌在腹沟中的泥沙以及残留的强度低于麦粒的并肩泥块和煤渣、虫蚀粒、病害变质的麦粒等杂质清除，提高面粉质量。

根据打击力的大小，打麦有轻打和重打之分，轻打的如擦麦机，重打的如打麦机。在小麦表面清理工艺中，擦麦机是一种打击作用较弱而摩擦作用较强的打麦设备，主要用于水分调节之前的轻打。如果小麦制粉厂内没有洗麦机，则会使用打麦机对小麦的表面进行处理。

3. 洗麦　主要是为了洗去麦粒表面的污物，分离并肩石和病害麦粒。通过洗麦可以达到以下目的：可配合水分调节，对小麦起着水作用，以改善小麦制粉的工艺性能；洗掉麦粒表面的微生物、灰尘；洗掉麦粒表面上残留的熏蒸药剂，以降低小麦含药量；甩干后，

可擦掉部分果皮，有利于提高小麦的清理效果；带有去石装置的洗麦，还可以分离并肩石、并肩泥和有害粮粒等。

洗麦对于小麦的清理是一项非常重要的工序，它可以提高净麦纯度，从而保证面粉的质量。但因洗麦需要大量净水，使用后的污水多，且需净化的成本升高，因此，应据含杂的具体情况来决定是否使用洗麦机。

（三）小麦的水分调节和搭配

小麦入磨前需要进行水分调节和搭配，这是小麦清理工作中不能缺少的两大重要环节。

1. 小麦的水分调节　小麦水分调节是小麦在制粉前利用水、热、时间三种因素的作用，使其改善工艺性能，得到良好的制粉条件，保证面粉质量的重要工序。

（1）水分调节的作用

①保持入磨小麦中的水分适合，能够满足制粉工艺的要求，使制粉过程保持相对稳定，方便操作管理。这对提高生产效率、出粉率和面粉质量都十分重要。

②使皮层与胚乳间的结合力有所减弱，便于皮层和胚乳分离，有利于研磨、提高出粉率。

③增加小麦皮层韧性。在研磨小麦的过程中，可保证麸皮的完整性，减少面粉中混入的细麸屑数量，使粉色改变、灰分降低、质量提高。

④使小麦的胚乳结构松散，强度降低，易于磨细成粉，从而降低动力消耗。

⑤使面粉中含有的水分满足国家标准。

（2）水分调节的方法　小麦水分调节的方法有两种：一种是室温水分调节（俗称发潮），另一种是加温水分调节。室温水分调节是在室温的条件下，小麦经过着水或者洗麦，存放进润麦仓中一段时间的一种水分调节方法。加温水分调节是将小麦着水或洗麦后，用水分调节器进行加热处理，再在润麦仓内存放一定时间的水分调节方法。目前，在国内受到广泛使用的小麦水分调节的方法就是室温水分调节法。

室温水分调节的过程，一般经过着水和润麦两个步骤。小麦经过着水设备着水后，通过螺旋输送机搅拌混合，使水分在麦粒间的分配较为均匀，然后送去润麦仓中放置一段时间进行润麦，将水分渗透进小麦的内部。小麦着水后润麦的时间一般是 18~24 小时。用于水分调节的设备包括强力着水机、水杯着水机和着水混合机。

2. 小麦的搭配

（1）搭配的目的　制粉厂使用的原料产地不同，具备的工艺性质也不同，如粉质、水分、面筋质、小麦色泽、皮层厚度和胚乳含量等方面均有差异，对生产过程、面粉质量和各项技术经济指标的稳定性，必然带来较大影响。小麦的搭配是指将各种小麦按一定的比例混合后的加工。其目的在于：

①合理利用小麦。在保证面粉质量的前提下，得到混合小麦的最高出粉率。

②保证成品的质量。如将红麦和白麦搭配加工，可保证面粉的色泽；将面筋含量高低不同的小麦或灰分含量不同的小麦搭配加工，可得到符合标准的面筋含量或灰分含量的面粉。

③使生产稳定。保证原料工艺性质相同，可以稳定生产过程以及生产操作，避免因为原料的变化所带来的设备负荷不均造成的故障。

④避免优质小麦单独加工的浪费，克服劣质麦（如发热、发芽、病虫害小麦）单独加工的弱点，保证了面粉的质量，也提高了出粉率。

（2）搭配的方法　按国家规定的面粉质量进行小麦搭配，使之磨出符合质量标准的面粉，这是小麦搭配的主要原则。

①主麦仓搭配。制粉厂把不同性质的小麦分开储存，在使用时，打开几个麦仓，通过仓下的配麦器或者放麦闸门控制搭配比例，使小麦流入麦仓下的螺旋输送机或其他输送机中混合。

②润麦仓搭配。把各批次小麦分别进行清理和着水以后送入不同的润麦仓，通过仓下放麦闸门或者配麦机调控好配麦比例，在螺旋输送机中混合。采用这种方法，可以根据小麦含水量的不同，分别掌握着水量和润麦时间，这是一种比较好的搭配方法。

（四）小麦清理流程

小麦的清理流程又叫麦路，麦路主要包括初清、毛麦处理、水分调节和净麦处理四个阶段。它是将各清理工序组合起来，按入磨净麦质量的要求，对小麦进行连续处理的生产工艺过程。麦路除了要完成对小麦的清理，还要完成对小麦的水分调节和搭配工作。制粉过程中，麦路可以保证成品的质量，提高产品的纯度。完整的麦路可以提高产量、降低动力消耗以及提高出粉率。

小麦清理有湿法和干法两种。它们的区别在于麦路中是否使用洗麦机，采用洗麦机清理的麦路是一种湿法清理；没有的是干法清理。湿法清理耗费大量水，并且污水不容易处理，有被干法清理取代的趋势。

由于各地区小麦品质和含杂情况的不同，以及生产规模的不同，因而各制粉厂的麦路繁简不一。但其共同点是：对杂质的清理，应本着先易后难的原则；在保证净麦质量的前提下，使麦路灵活，以适应原料工艺性质的变化；对杂质中的清理工序必须齐全，安排的工艺顺序要合理；各种清理设备都应有良好的密闭、吸风除尘措施，以保持单间和周围环境的清洁卫生；对危害大的杂质要特别加强清理。需要注意的是，虽然麦路有繁有简，但是清理后的小麦都应该遵循各项质量指标的规定标准。

清理流程举例：

初清后小麦→筛选（带风选）→磁选→去石→精选→打麦（轻打）→筛选（带风选）→着水→润麦→磁选→打麦（重打）→筛选（带风选）→磁选→净麦仓

清理后的小麦要求杂质少于 0.3%，其中沙石的含量少于 0.02%，粮谷类杂质少于 0.5%，不可含有金属杂质；灰分降低量超过 0.06%，同时入磨净麦的水分适宜。

二、制粉工艺

小麦经过清理和水分调节，成为适合制粉的净麦。小麦制粉的目的是将小麦中的胚乳与皮层和胚分离，并且把胚乳磨成细面粉。目前，世界上一般使用的面粉制作方法是把麦粒破碎，然后逐步研磨，将麸片上的胚乳刮下，同时将胚乳研细成粉。

制粉的设备包括研磨、清粉、筛理等设备。研磨设备的作用是将麦粒破碎，从麸皮上剥刮胚乳，最后把胚乳磨成面粉。磨面粉时常用到的设备是辊式磨粉机和协助磨粉的松粉机；清粉设备的作用是将粒度大小相同的麦心、麦渣和小麸片在气流的辅助作用下按质量进行分级，清粉常用的设备为清粉机；筛理设备的作用是将研磨后的物料按粒度大小进行分级，同时筛出面粉，一般使用的筛理设备包括高方平筛、圆筛和协助筛理的打麸机和刷麸机。

小麦制粉工艺主要是研磨、筛理分级等。

（一）研磨

研磨是面粉制作过程中最重要的一环，制粉效果受到研磨效果的影响。

1. 研磨的基本方法和原理　小麦的研磨是利用研磨机械，将麦粒剥开，从皮层上剥刮下胚乳，并把这些胚乳磨成细粉，同时还应该维护皮层的完整性，以此得到高质量的面粉。研磨时的基本方法包括四种，即挤压、剪切、剥刮和撞击。

研磨就是通过对小麦的挤压、剪切、剥刮和撞击作用，使小麦逐步破碎，从皮层将胚乳逐步分离并且磨成有一定细度的面粉，研磨时主要会使用辊式磨粉机和撞击磨粉机。其中辊式磨粉机已被大多数面粉厂采用。

2. 研磨系统　在分级制粉过程中，按照生产先后顺序中物料种类的不同和处理方法的不同，把制粉系统分为四部分，即皮磨系统（B）、渣磨系统（S）、清粉系统（P）以及心磨系统（M），这四部分分别处理不同的物料，完成各自的功能。

（1）皮磨系统　制粉过程中的最前面的几道是皮磨系统，它的作用是将麦粒剥开分离出麦渣、麦心和粗粉，保持麸片不过分破碎，以便使胚乳和麦皮最大限度地分离，并提出少量的小麦粉。在磨制标准面粉的时候，皮磨系统不仅要多出面粉，还要将一定量的麦渣和麦心提取出来；在磨制等级粉时，则要出大量的麦渣、麦心。

皮磨系统的工作好坏直接关系到麸皮刮净的程度、粗粒和面粉的质量以及渣磨、心磨系统的工作状态。因此，皮磨系统属于粉路中的基础系统，位于最重要的位置。在大型粉厂中，一般会用五道皮磨，一、二皮为前路皮磨，三、四皮为中路皮磨，五皮为后路皮磨。

（2）渣磨系统　渣磨系统处于皮磨系统和心磨系统之间，如果制粉流程短，可不设该项工序。渣磨主要处理皮磨或其他系统分离出的带有麦皮的胚乳颗粒——麦渣。通过渣磨系统，麦渣通过轻碾的方法，将麦渣上的表皮从胚乳颗粒上剥离，从中提出品质较好的麦心和粗粉，送入心磨系统中磨成优质的面粉，并且把提取出的麦麸屑送进相对应的系统中处理。

根据生产不同等级的面粉的要求，渣磨系统的任务也不相同。在加工标准粉时，其任务以出粉为主，提麦心为辅；在加工特别粉时，则偏重于提取麦心，并将其送往心磨系统。

（3）清粉系统　清粉系统结合风筛，分开皮磨和其他系统中提取的麦渣、麦心、粗粉连麸粉粒以及麸屑混合物，送到各自对应的研磨系统中进行处理。

（4）心磨系统　心磨系统的任务是将皮磨、渣磨和清粉系统取得的麦心和粗粉研磨成具有一定细度的面粉，通过筛理，提出面粉，并分离出一定量的细麸皮。

各个系统碾磨以后筛出来的面粉一般是前路的质量好，后路的质量差；前路的数量多，后路的数量少。

（二）筛理

在制粉过程中，小麦经磨粉机逐道研磨后，获得颗粒大小及质量不一的混合物料。将这些混合物利用筛理设备将其按粒度大小分级的工序称为筛理。经过筛理而分离的大小物料，分别送进下一道磨剥刮和研轧。各道筛理设备如果不能把磨下物及时地提取处理，将会增大后续设备负荷，使产量降低，动耗增加，研磨效率下降；若对磨下物不进行分级就可能使后续各系统流量分配不平衡。

在研磨精度低、粒质粗糙的小麦粉的时候，可以采用比较少的研磨道数，也不需要高度分级；对小麦粉的质量要求越高，粉的粒度越细，则研磨道数越多，分级也越细。

筛理设备通常有平筛和圆筛两种。平筛是面粉厂的主要筛理设备。其作用是将各研磨系统的磨下物通过筛理，筛选出面粉并且把各个制品按照粒度分级，再分别送到相对应的系统中进行下一步处理。圆筛是另一种筛理机械。它主要是有一个沿水平轴旋转的圆筒形筛面，物料靠筛筒内的打板击向筛面而得到筛理。圆筛的筛理作用比平筛的筛理作用强烈，适宜于筛理水分比较大或者潮湿的吸风粉、黏性比较大的成团物料或者刷麸粉，筛面不容易堵塞。缺点是筛理面积小（在相同占地面积下），筛面利用率低，产量小，分级种类少，一般制粉厂均将其作为辅助筛理设备，在中小型厂中，也可作为主要筛理设备。

专门用于处理麸片的设备包括刷麸机以及打麸机。这两种机器主要利用旋转的刷帚或打板，把黏附在麸皮上的粉粒分离下来，并使其穿过筛孔成为筛出物料，而麸皮则成为筛内物料。刷麸和打麸工序设在皮磨系统尾部，是处理麸皮的最后一道工序。

小麦经过研磨可以制成不同质量和大小的颗粒，这种研磨物料统一被称为在制品。利用筛理机械的筛理，可将在制品分为：

①粗粉。未磨细成粉的粉粒（加工特制粉时的在制品）。

②麦渣。带有麦皮的较大胚乳颗粒。

③粗（细）麦心。混有麦皮的较小（更小）的胚乳颗粒。

④麸片。呈片状带有不同程度胚乳的表皮。

根据上述的物料，小麦制粉过程所用的磨，便可分为皮磨、心磨和渣磨；筛便有不同粗细度筛网的筛。

（三）清粉

1. 清粉的目的　平筛对于筛理物是按照粒度进行分级的，分离出来的相同粒度的物料里面，包含三种质地不同的物料，即连麸胚乳粒、纯净胚乳粒和细麸皮粒。通过筛理很难把这三种物料分开。如果磨制质量较高的面粉，如将上述各种性质不同的物料混在一起研磨，必将影响面粉质量。而清粉则是利用筛理和风选的共同作用，对平筛筛出的各种粒度的粗粒进行再一次提纯和分级，从而得到粒度相同，纯度更高的麦心、粗粉以及粗粒。提升了研磨系统里面粉的质量，生产出质量优异的在制品。

2. 清粉的设备　清粉所使用的设备为清粉机。清粉是筛理和吸风作用相结合进行的，清粉设备主要由筛格和吸风装置组成。在工作的时候，筛格通过振动，把物料分类并且抖松了筛上的物料，增加了吸风清理效率。气流从筛绢下向上将物料中的细小麸皮及连麸粉吹起，并分别进入不同的收集器。清粉机一般设有二道，位于一皮、二皮磨之间。

（四）粉路

把研磨、筛理、精粉、刷麸和打麸等工序进行组合，将通过清理和水分调节选择的适合制粉的净麦，按一定的产品等级标准磨制成粉的整个生产工艺过程，称制粉工艺流程，简称粉路。由于小麦的品种不同，面粉种类和出粉率要求不一，制粉流程的组合及各工序的技术指标和操作方法有很大的差别。粉路直接影响小麦加工的产量、产品质量、动力消耗、出粉率以及单位成品成本等技术指标。因此，按照小麦制粉的基本规律，合理地组合粉路是小麦加工取得良好生产效果的重要因素。

粉路中每个系统按照所生产的面粉的精度要求而设置。面粉的加工精度越高，要求在制品的分级越细，配备的研磨系统越长，工艺流程（粉路）越复杂。反之精度越低，则在制品分级越粗，系统较短，粉路也就简单。如磨制标准粉（在制粉过程中，把前后系统的好粉和次粉进行混合，不区分等级混合到一类，称作标准粉）时，因为粒度粗、精度低、含有较高灰分，粉路较简单，一般只设皮磨、心磨两大系统，不用或少用渣磨系统，不设置清粉系统；而磨等级粉（在同一粉路中生产两种以上等级面粉的制粉过程）时，主要是生产优质面粉（特一粉以及特二粉），一般会设置渣磨、皮磨、心磨以及清粉系统，有的还会设置尾磨系统。

第三节 果蔬干制技术

一、原料处理

果蔬原料在干制前，无论是自然干制或是人工干制，都要进行一些处理以利于物料的干制和提高产品质量。原料的处理包括两个方面，即原料的选择和原料的处理。

（一）原料的选择

选择适合于干制的原料，能保证干制品质量，提高出品率，降低生产成本。干制时对果品原料的要求是：干物质含量高、风味色泽好、肉质细密、果心小、果皮薄、肉质厚、粗纤维少、成熟度合适等。对于蔬菜的原料，要求风味好、组织致密、皮薄肉厚、菜心及粗叶等废弃部分少、干物质含量高、粗纤维少等。

（二）原料的处理

1. 热烫处理　热烫是果蔬干制时一个重要工序。原料经过热烫后，钝化氧化酶，减少氧化变色和营养物质的损失；其次可以增强细胞透性，方便水分的蒸发，减少了干制的时间，被热烫过后的桃、杏、梨等果品，干制时间可以较原来缩短 1/3；此外热烫可排出组织中的空气，使干制品呈半透明状，使外观品质提高。

2. 硫处理　硫处理有两种，即熏硫处理和采用亚硫酸和亚硫酸盐类进行浸硫处理。一般使用 0.03% ~ 0.5% 的亚硫酸盐溶液，浸渍时间为 10 ~ 15 分钟，应严格按照国家标准 GB 2760 规定的使用量和使用范围进行，防止二氧化硫残留超标。

3. 浸碱脱蜡　一些水果（李、葡萄等），在进行干制之前需要浸碱处理，浸碱处理的作用是去除果皮上的蜡粉，方便水分的蒸发，帮助干燥。

二、干制方法

（一）自然干制

自然干制就是在自然环境条件下干制食品的方法，通常包括晒干、晾干、阴干等方法。这是一种最简单且容易操作的对流干燥方法。自然干制对当地的温度、湿度和风速等气候条件有着严格要求，炎热和通风是最适宜于干制的气候条件，我国北方和西北地区的气候常具备这样的特点。我国许多著名的传统土特产都是用这种方法制成的，如柿饼、红枣、玉兰片、葡萄干、梅菜、金针菜以及萝卜干等。

自然干制方法简便，设备简单，费用低廉，不受场地局限，干燥过程中管理比较粗放，能在产地和山区就地进行，还能促使尚未完全成熟的原料进一步成熟。因此，自然干制仍然是世界上很多地方最常使用的干燥方法。在我国，大多数的农户都采用这种方法干制菜干以及果干，如我国新疆吐鲁番一带在葡萄收获的季节，将葡萄整串挂在用土坯筑成的多孔干燥室内，借助于这一带特有的炎热干燥且多风的气候，将葡萄晾干。但自然干制干燥过程缓慢，干燥的时间长；干制过程不受人为控制，产品的质量有较大的变化；容易受到气候条件的影响，如在干制季节，阴雨连绵，会延长干制时间，降低制品质量，甚至会霉烂变质。

（二）人工干燥

1. **烘房** 烘房造价不高，设备简单，可以就地取材，干制的效果也比较好，适合进行大量生产。烘房干制的主要缺点是干燥作用不均匀。因下层烘盘受热多和上部热空气积聚多，因而上下层干燥快，中层干燥慢，所以在干燥过程中要经常倒换烘盘，增加了劳动强度。烘房的形式有很多，不过基本结构都差不多，其主要组成有烘房主体建筑、加热设备、装载设备以及通风排湿设备。

2. **隧道式干燥机** 隧道式干燥机是指干燥室为一个狭长隧道形的空气对流式干燥机。地面上铺铁轨，装好原料的装载车沿着铁轨经过隧道匀速前移，从而实现干燥过程，然后在隧道的另一头移出，下一车又会沿着铁轨再次推进。

隧道式干燥机有各种不同的设计，可分为单隧道式、双隧道式及多层隧道式等几种，大小也不相同，干燥室一般长为 12～18 米、宽为 1.8 米、高为 1.8～2 米，在单隧道式干燥室的侧面或者双隧道室的中间安装了加热器，并设置了吹风机，方便把热空气送入干燥室里，帮助原料干燥。余热气一部分从排气筒排出，另一部分回流到加热室继续使用。

隧道式干燥机可根据被干燥的产品和干燥介质的运动方向分为逆流式、顺流式和混合式三种形式。

3. 带式干燥机　带式干燥机使用环带作为运输装置，输送原料。将原料放在环带上，借助机械力往前运动，与干燥室的干燥介质接触，而使原料干燥。带式干燥机适合于单品种、整季节的大规模生产，如胡萝卜、马铃薯、甘薯、洋葱和苹果都可以放在带式干燥机上干燥。

4. 滚筒干燥机　滚筒干燥机主要由一只或两只中空的金属圆筒组成。圆筒随水平轴转动，圆筒内部由蒸汽、热水或其他加热剂加热。这样，圆筒壁就成为干燥产品接触的传热壁。当滚筒的一部分浸没进浓稠的浆料里面，或者把浓厚的浆料撒到滚筒的表面，由于滚筒旋转缓慢，物料变成薄层状附着在滚筒外表面进行干燥。前者称为浸没式加料法；后者称为洒溅式加料法，当滚筒旋转 3/4 ~ 7/8 周时，物料已干到预期的程度，用刮刀将其刮下。

5. 膨化干燥　膨化干燥又叫压力膨化干燥或者加压、减压膨化干燥，其干燥系统主要是由一个体积大于压力罐 55 ~ 100 倍的真空罐组成。果蔬原料经预处理干燥后，干燥至水分含量为 15% ~ 25%，然后将果蔬置于压力罐内，通过加热使果蔬内部水分不断蒸发，罐内压力上升至 40 ~ 480 千帕，物料的温度高于 100℃，因此和大气压下水蒸气的温度相比较，它是一种过热状态，迅速打开连接压力罐和真空罐（真空罐已预先抽真空）的减压阀后，由于压力罐内瞬间降压，使物料内部水分闪蒸，导致果蔬表面形成均匀的蜂窝状结构。在负压状态下维持加热脱水一段时间，直到满足所需要的水分的含量（3% ~ 5%），停止加热以后，把加热罐冷却到外部的温度，除掉真空，打开盖，将产品取出进行包装，就可以得到膨化的果蔬脆皮。

6. 真空油炸脱水　真空油炸脱水是利用减压条件下，产品中水分汽化温度降低，能在短时间内迅速脱水，实现在低温条件下，对产品油炸脱水。热油脂作为产品的脱水供热介质，还能起到膨化及改进产品风味的作用。真空油炸技术的关键是对原料的前期处理以及油炸时对温度和真空度的控制，原料前处理除常规的清洗、切分、护色，对有些产品还需进行渗糖和冷冻处理。渗糖浓度为30%～40%，冷冻要求在-18℃左右的低温冷冻16～20小时。油炸时真空度一般控制在92.0～98.7千帕，将油温控制在100℃以下。

7. 渗透脱水　果蔬渗透脱水是指在一定温度下，将果蔬原料浸入高渗透压的溶液，即糖溶液或盐溶液中，利用细胞膜的半渗透性使物料中水分转移到溶液中，达到除去部分水分的一种技术。与传统的热风脱水相比较，因为水分的转移没有发生相对变化，不需要加热，因此渗透脱水具有能量消耗低、营养成分损失少的特点。由于它可以在较短的时间内除去物料里的水分而不损坏其组织，使它们仍能保持原有风味、质地、色泽、营养和品质，而且感观与新鲜时几乎一样，因此，这是一种非常具有发展前景的加工技术。

8. 远红外线干燥　远红外线指的是波长为2.5～1000微米的电磁波。由于多数物质对波长在3～15微米范围内的远红外线具有很强的吸收能力。当湿物料吸收远红外线之后，由于共振而引起原子、分子的转动以及振动，从而产生热量，升高了物料的温度，实现物料干燥的目的。

远红外线加热针对物料内部直接加热，大大减小了温度梯度中水分外移的阻碍作用，缩短了干燥时间，节能效果明显，且物料受热分解的可能性很小，从而减少了果蔬

中营养物质的损失。

远红外线干燥主要的特点是干燥的速度快，生产效率较高，干燥时间可以缩短为近红外线干燥的一半，为热风干燥的 1/10；耗电少，远红外线干燥的耗电量为近红外线干燥的 50% 左右，与热风干燥相比，效果更明显；干燥产品质量好，由于产品表层和表层以下同时吸收远红外线，因此制品的物理性能优越，干燥均匀；设备的尺寸小，成本不高，使用远红外线干燥时，所需要的烘道的长度可以缩短 50%~90%。

9. 冷冻干燥　冷冻干燥简称冻干（FD），它是将物料冻结到其晶点温度以下，在真空条件下，通过升华除去物料中水分的一种适合热敏物质的干燥方法。

冷冻干燥可以很好地维持产品的色、香、味以及营养价值，并且容易复水，复水以后仍然较为新鲜。

冷冻干燥的产品，挥发物损失少，蛋白质不易变性，体积不至于过分收缩，制品复水后几乎和新鲜产品没有差别。不过这种干燥方法会产生较高的成本，只适合针对质量要求非常高的产品。

10. 微波干燥　微波是一种波长在 1 毫米至 1 米、频率在 $3.0 \times 10^2 \sim 3.0 \times 10^5$ 兆赫兹范围内并且含有穿透能力的电磁波。在微波电磁场的作用下，介质中的极性分子从原来的热运动状态转为跟随微波电磁场交变而排列取向。微波透入物料内与物料的极性分子相互作用，物料中的极性（水分子）吸收了微波能量之后，其原有的分子结构改变，并且以相同的速度进行电场极性运动，致使彼此间频繁碰撞而产生大量的摩擦热，从而使物料内各部分在同一瞬间获得热能而升温，相继发生水分的蒸发，达到干燥的目的。由于微波辐射下介质的热效应是内部整体加热的，即理论上所说的"无温度梯度加热"，介质的内部基本上不会产生热传导现象。因此，微波可相当均匀地加热介质。微波加热造就了物料体热源的存在，改变了常规加热干燥过程中某些迁移势与迁移势梯度方向，形成了微波干燥的独特机理。微波技术是一项新的加工技术，随着技术的成熟，微波技术在食品加工行业将越来越受到欢迎。

三、干制品的包装

干制并不能将微生物全部杀灭，而只能抑制它们的活动。干制品并非无菌，如遇到适宜的环境，如温暖潮湿的环境，干制品内的微生物就会生长繁殖，导致干制品腐败变质。如果干制品污染有病原菌时，有病原菌能忍受不良环境，生存下来，进而对人体的健康产生影响。因此，必须对干制品中的食品中毒菌以及一般肠道杆菌进行控制。干制品还可能存在寄生虫，故干制品在干燥前应进行杀菌、消毒或减菌处理。

虽然微生物能够忍受干制品下的不良环境，但贮藏过程中微生物总数仍然会逐步缓慢下降。只要将水分活度在微生物不能生长的界限控制好，干制品就不会寄生微生物而变质腐败，这需要在贮藏过程中，通过包装创造一个防止干制品水分活度改变的适宜环境，因此包装就成为一个必须考虑的问题。

（一）包装前的处理

干燥之后的干制品，需要经过一些处理（回软和防虫处理）后才能进行包装和贮藏。

1. 回软　回软又称均湿或水分平衡。目的在于转移干制品内部与外部的水分，使各部分水分含量均衡，呈适宜的柔软状态，便于产品处理和包装运输。回软所需的时间，视干制品的种类而定。一般菜干的回软时间为1~3天，果干的为2~5天。

2. 分级　分级的目的在于使成品的质量合乎规格标准。分级工作可在固定的木质分级台上，也可在附有传送带的分级台上。

3. **压块** 压块就是把干燥以后的产品压制成砖块状。脱水蔬菜一般都要经过压块处理，因为蔬菜干燥以后，呈蓬松状、体积大，包装和运输均不方便。进行压块后可使体积大为缩小。一般干制的蔬菜，压块后体积可缩小为原来的 1/7 ~ 1/3 倍。因此所需的包装容器和仓库容积也就大大减少。同时压块之后的蔬菜，和空气接触的机会减少，氧化作用得到降低，还减少了病虫害。

蔬菜干制品一般可在水压机中用块模压块。压块与温度、湿度和压力有关。在不损坏产品质量的前提下，温度越高，湿度越大，压力越高则菜干压得越紧。因此蔬菜压块工作，应在干燥以后趁热进行。如果蔬菜已经变冷，组织变得脆而坚硬，容易被压碎，必须使用蒸汽加热 20 ~ 30 秒，促使其软化以便于压块并降低破碎率。有些呈热塑性的果干，可用 93℃ 的干热空气加热处理 10 分钟左右，再在 7 ~ 10 兆帕下加压处理，可压成圆块或棒状形。

4. **灭虫处理** 果蔬的干制品中常常会有一些虫卵，尤其是自然干制的产品。一般而言，用于包装干制品使用的容器密封后，处在低水分干制品中的虫卵颇难生长，但是包装破损、泄漏后，它的孔眼若有针眼大小，昆虫就能自由地出入，并在适宜条件下（如干制品回潮和温湿度适宜时）还会生长，侵害干制品，有时候还会造成大量的损失。因此，必须防止虫害对干制品的侵袭。果蔬干制品和包装材料在包装前都应经过灭虫处理。

（二）干制品的包装

果蔬干制品的耐贮性受包装的影响很大，因此其包装应达到下列要求：能防止脱水果蔬的吸收湿气回潮，结块甚至长霉；包装材料应该保证干制品处于 90% 相对湿度，常温环境里 180 天内水分增加量不超过 1%；避光和隔氧；包装形态、大小及外观有利于商品的推销；包装材料应符合食品卫生要求。

1. 包装容器　包装干制品的容器必须防虫、防潮、密封。常用来进行包装的容器有纸箱、铁罐、木箱、聚乙烯以及聚丙烯薄膜袋等。为了使干制品得到很好的保存，在木箱或纸盒内须铺垫防潮纸和蜡纸；在内外壁，或只在内壁涂防水材料，如干酪乳剂、石蜡等进行防潮。金属罐是包装干制品比较理想的容器，其特点是密封、防虫、防潮以及牢固耐用，适合蔬菜粉以及果汁粉的包装。塑料薄膜袋及复合薄膜袋由于能热合密封，用于抽真空和充气包装，且不透视、不透气，铝箔复合袋还不透光，适合各类干制品的包装，其使用日渐普遍。有时在包装内附装除氧剂、抗结剂（硬脂酸钙）用来增强干制品的贮藏稳定性能。干燥剂有硅胶和生石灰两种，可用透湿的纸袋包装后放于干制品包装内，以免污染食品。

2. 包装方法　干制品的包装方法主要有普通包装、充气包装和真空包装。

（1）普通包装　指的是在普通的大气压之下，把处理和分级以后的干制品按照规定数量包装进容器里面。

（2）真空包装和充气包装　真空包装和充气（氮、二氧化碳）包装是将产品先行抽真空或充惰性气体，然后进行包装的方法。这种方法降低了环境的氧气含量（一般降至2%），有利于防止维生素的氧化破坏，减少了制品的损失，增强了制品的保藏性能。充气包装以及抽真空包装可以在充气包装机和真空包装机上分别进行。

四、干制品的保藏

良好的贮藏管理对于获得理想的贮藏效果极为重要。贮藏脱水果蔬的库房要求清洁卫生，通风较好，还能密闭。除此之外，仓库还应该具备防鼠设施，保证干制品的品质。在贮藏脱水果蔬的时候

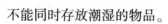

不能同时存放潮湿的物品。

在贮藏库内堆放箱装脱水果蔬时，以总高度 2.0~2.5 米为宜。箱堆要离开墙壁 30 厘米，堆顶离天花板至少 80 厘米，保证充足的自由空间，以便利于空气流动。贮藏室的中央留 1.5~1.8 米的走道，方便操作管理。

影响干制品保藏的环境条件主要有温度、湿度、光线和空气。

干制品的贮藏温度以 0~2℃ 为最好，为了降低贮藏费用，同时兼顾控制干制品的变质和生虫，贮藏的温度最好控制在 10~14℃。高温容易加速干制品变质，如果贮藏温度太高，脱水蔬菜容易发生褐变，温度每升高 10℃，菜干的褐变速度可增加 3~7 倍。贮藏温度为 0℃ 时，褐变就受到遏制，而且在该温度时所能保持的抗坏血酸、胡萝卜素含量也比 4~5℃ 时多。

干制品的水分如果超过 10%，就会使虫卵得到发育成长的机会，从而对干制品造成侵害。贮藏温度为 12.8℃ 和相对湿度为 80%~85% 时，果干极易长霉；相对湿度低于 50%~60% 时就不易长霉。水分含量增高时，硫处理干制品的二氧化硫含量就会降低，以致酶活化。如果二氧化硫的含量下降到每千克 400~500 毫克，抗坏血酸的含量就会加速下降。

贮藏环境中的相对湿度最好在 65% 以下，空气越干燥越好。从干制品的平衡水分来看，脱水蔬菜在 37℃ 时，保持 5% 和 10% 的平衡水分，其相对湿度分别为 20%~30% 和 40%~50%。由此可以看出，随着干制品中含水量的降低，环境中空气的相对湿度也会相应地降低。相对湿度增高，就必然提高平衡水分，从而提高了干制品的含水量。水分的增高降低了二氧化硫的浓度，使酶促反应恢复，因而易引起脱水干制品的氧化变质。一般情况下，贮藏干果的相对湿度不会超过 70%，块根、甘蓝、洋葱为 60%~63%，绿叶菜为 73%~75%，马铃薯干是 55%~60%。

光线会促进干制品变色并失去香味，还会造成抗坏血酸的破坏。因此干制品应避光包装和避光贮藏。空气中的氧气能引起干制品的变色和维生素的破坏，采用包装内附装除氧剂，可以获得比较理想的贮藏效果。

五、干制品的复水

复水是指干制品吸收水分后重新复原的过程，吸收水分之后的干制品在大小、重量、性状、颜色、成分、结构和质地等方面都会发生变化，复水后恢复到新鲜状态的程度越高，说明干制品的质量越好，如果复水后恢复较少，说明干制品的质量不佳。另外，干制品复水程度的高低和复水速度的快慢，也是衡量干制品质量的重要指标，但是干燥是一个典型的非稳定、不可逆的过程，所以干燥时候的制品是无法完全恢复原状的。制品采用的干燥工艺不同，对日后复水也就会产生不同程度的影响，一般来说经过冷冻干燥的蔬菜要比常规干燥的蔬菜的复水时间更短，复水效率更高。在复水操作过程中，浸泡的用水量对干制品复水也有一定的影响。用水过多的时候，可以导致水溶性色素和水溶性维生素产生溶解，造成不必要的损失。一般适宜的用水量为菜重的 12～16 倍。除了水量控制，用不同的水质进行浸泡，也会对干制品产生不同程度的影响。水的 pH 值对制品的颜色产生影响，pH 值影响蔬菜中的花青素，所以白色蔬菜在碱性溶液中容易变成黄色，常见的如洋葱、花椰菜、马铃薯等。用硬水复水会对豆类制品产生影响，使其质地变硬，所以一般不用硬水复水。所以，复水的时候，一定要经过严格的选择和处理，才能提高复水制品的质量。除此之外，浸泡温度、浸水时间等对复水也都有一定的影响，通常来说，浸泡时间越长，浸水温度越高，吸水的速度就越快，复水所用的时间就越短。

第七章

现代农业机械
使用技术

第一节　铧式犁使用

一、铧式犁类型

（一）牵引犁

牵引犁一般由犁架、犁体、牵引杆、调节机构、行走轮、机械或液压升降机构、安全装置等部件组成。在耕作的时候，牵引犁和拖拉机之间都是采用单电挂接的，拖拉机的挂接装置对犁只起到牵引的作用，其重量一般都由犁自身的轮子承受。在耕作的时候，一般都是通过液压机构和机械来控制地轮相对犁体的高度，达到调整耕作深度的作用。

牵引犁虽然工作稳定，耕作质量佳，但是同时也具有许多缺点和不足，如它的结构复杂，机组的转弯半径大，机动性不好，质量重等，这使得它的适宜使用范围大大缩小，一般只适合在大地块进行大型、宽幅、多铧作业。

（二）悬挂犁

悬挂犁一般由犁架、犁体、悬挂装置和限深轮等组成。悬挂犁主要是通过悬挂架和拖拉机的悬挂装置连接，依靠拖拉机的液压提升机构进行升降。在运输过程和地头转弯的时候，悬挂犁脱离地面，由拖拉机承受全部重量。当拖拉机液压悬挂机构用高度调节耕深时，限深轮用来控制耕深。

与牵引犁相比，悬挂犁具有操作灵活、机动性好、质量低、结构简单等优点，这使得它十分适合在小地块耕作。但是由于机器太小，所以运输时机组的纵向稳定性较差，当犁体太重的时候，就会促使拖拉机的前端抬起，影响操作，这也就限制了它向大型悬挂犁的发展。

（三）半悬挂犁

半悬挂犁是由悬挂犁发展而来的，它的前部很像悬挂犁，但是配置了轮子，这就可以在地头转弯和运输的时候独自承担机身重量，减轻拖拉机的悬挂装置的压力。另外，半悬挂犁配置了较宽的犁体，有效地解决了操作不稳定的问题。半悬挂犁可以说是兼具了悬挂犁和牵引犁的部分优点，它的转弯半径小，激动灵活性好，优于牵引犁；它的稳定性和操作性好，犁体配置多，优于悬挂犁。

（四）机力铧式犁系列

机力铧式犁系列具有多种不同的适用范围，根据适用区域不同，一般可以分成南方水田犁和北方旱田犁。每个系列按照其对土壤比阻适应范围不同和耕作强度的差异可以分为多种型号。一般北方系列犁为中型和重型犁两类，耕幅为 30~35 厘米，耕深范围为 18~30 厘米。中型犁一般适合在轻质中等土壤和地表残茬较少的轻质土壤耕作，重型犁一般适合在地表残茬较多的黏重土壤耕作。南方水田犁系列为中型犁，一般水地和旱地都可以使用，犁体宽幅为 20~25 厘米，耕深为 16~22 厘米。

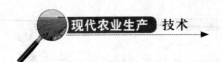

二、铧式犁结构与工作

铧式犁一般由犁壁、犁铧、犁柱、犁侧板、犁托等组成。耕作的时候，犁体按照规定的宽度和深度切开土层，将土沿着曲面升起、翻转和侧推，并且不断地破碎土壤，使土地达到耕作的基本要求。

三、犁使用中的注意事项

①在挂接犁的时候要用较小油门，降低速度，防止损坏。

②落犁的时候要轻放慢降，防止对犁和犁架的撞击和损坏。

③在土壤质地过于坚硬或黏性大时，要在一定程度上减少耕宽和耕深，避免阻力过大造成对机件的损坏。

④注意在地头转弯时要先把犁体提起，减小油门后再转弯。

⑤在机械耕作过程中，或者没有可以依靠的支垫时，不要对犁进行调整、拆卸和维护。

⑥当需要长途运输犁具的时候，一般要把悬挂机组的悬挂锁锁紧，适当调整限位链的松紧。如果是牵引机组也要将升起装置锁住，避免发生运输过程中犁体脱落的现象。

四、犁的保养与保管

（一）班次保养

耕犁的保养要和拖拉机的保养同步进行，主要包括以下几方面：

①清除缠绕在犁上的泥土和杂草，检查犁体各个部件的牢固程度，拧牢松动的螺丝。

②给各个转动部位加注润滑油，定期检查油管和液压油缸的情况，发现问题后要及时修复。

③检查犁铧的磨损状况，一般犁铧刃的厚度超过 2 毫米，圆犁刀刃口厚度超过 1.5 毫米的，可以用砂轮磨削到 0.5～1 毫米。如果犁铧磨损严重，就要用锻伸修复法进行修复，如果无法修复的，就要更换新犁。

（二）定期保养

按照使用标准，一般犁耕地 60～100 小时，或者耕熟地 700～1000 亩之后，就要对犁进行一次全面的检查和保养，主要操作和保养内容如下。

①清除犁上的泥污和杂草，检查犁壁、犁铧和犁侧板的磨损情况，当磨损超过极限的时候就要定期更换。

②检查犁轮的径向和轴向间隙，超过规定的间隙后就要进行调整或更换。

（三）犁的保养

犁在播种时期使用完后，距离下次使用还有较长的时间，如果不进行正常的保养就很容易使犁锈蚀和变形，一般保养都需要注意以下一些事项。

①清除犁上的泥垢和杂草，对犁体的各个部件进行检查，发现磨损过度的部件就要及时进行修复，保证下次正常使用。

②犁体容易生锈的部位，如犁铧和丝杆螺纹等部位都要涂抹适量的油防止生锈，发现犁架掉漆要及时补刷。

③存放时要把犁轮和犁体垫好放稳，存放的房间要保证干燥，防止犁具生锈。

五、铧式犁常见故障及排除方法

（一）犁不能入土

原因：一是悬挂犁上拉杆过长；二是牵引犁横拉杆位置过低；三是梨铧刃口磨损严重；四是限深轮位置调整不对。

排除方法：一是适当缩短悬挂犁上拉杆长度；二是适当调高横拉杆安装位置；三是磨锐或更换犁铧；四是调整限深轮与机架的相对高度。

（二）犁入土过深

原因：一是悬挂犁上拉杆过短；二是牵引犁横拉杆位置过高；三是液压系统调整失灵，不能自动调节耕深；四是限深轮位置调整不对。

排除方法：一是适当伸长悬挂犁上拉杆长度；二是适当调低横拉杆安装位置；三是检修液压系统；四是调整限深轮与机架的相对高度。

（三）重耕或漏耕

原因：一是拖拉机轮距与犁的幅宽不相配；二是在水平面内调整不当。

排除方法：一是调整拖拉机轮距；二是调整牵引点在水平面内的位置。

（四）耕深不一致，耕后地表不平

原因：一是在纵向垂直面内的牵引调整不当；二是犁的水平调

整不当；三是犁铧严重磨损，且各犁铧磨损程度不一致；四是犁柱和犁架变形。

排除方法：一是正确进行犁在垂直面的调整；二是正确进行犁在水平面的调整；三是修复或更换犁铧；四是校正犁柱和犁铧。

（五）翻土和覆盖不良，有立垡和回垡

原因：一是耕深过大、耕深和耕幅的比例不当；二是拖拉机行进速度过慢；三是犁体工作曲面选用不当。

排除方法：一是适当减少耕深；二是适当提高车速；三是正确选用犁体曲面。

第二节 旋耕机使用

旋耕机是一种由动力驱动旋耕刀辊完成耕、耙作业的土壤耕耘机械，这种机械的切土和碎土能力都很强，作业的质量和效率都很高，一次作业可以达到使表土松软和平整的要求，满足对土壤进行精耕细作的要求。旋耕机的使用范围还很大，适应的湿度范围很大，一般水田和旱田都可以进行耕作。

一、旋耕机结构和工作原理

旋耕机主要由传动部分、机架、刀片、刀轴、平土托板、挡泥

罩及限深装置等部分组成。

旋耕机在工作的时候，动力系统驱动刀辊转动，刀片将土垡切下并向后方抛去，被抛出的土垡因为与挡泥罩和平土拖板发生撞击而变得细碎，然后回落到地表，这时平土托板就又将地表刮平，所以旋耕机作业后的地表十分平整。

二、旋耕刀片的种类和安装

旋耕刀是旋耕机正常作业的重要组成部件，旋耕刀的性状和质量参数对于工作质量，功率消耗的影响十分巨大。根据使用情况，我们可以把卧式旋耕机的旋耕刀分为三种类型，分别是弯形刀片、凿形刀和直角形刀。

（一）弯形刀片

弯形刀片又称为弯刀，弯刀的刀刃呈曲线形，一般分为侧切刃和正切刃两个部分，在刀片工作的时候，首先是距离刀轴中心较近的刃口开始纵向切削土壤，然后从近到远，最后由正切刃横向切开土垡。这种切削过程是把土块和草茎压向未耕土地的有支撑切割，切土效果更好。目前我国的旋耕机多使用这种类型的刀片。

（二）凿形刀

凿形刀又称为钩形刀，这种刀的正面有凿形的刃口，入土能力很好。在工作的时候，凿尖先进入土壤切开土垡，然后通过刀身的作用使土块破碎。这种切削方式破土作用很好，但是容易被杂草缠绕，所以不适合在杂草丛生的地方使用，一般适用于茎秆和杂草不多的果园和菜地。

(三) 直角形刀

直角形刀的刀刃一般由正切刃和侧切刃组成，两个直线刃口呈90°。在工作的时候，都是正切刃横向切割土垡，然后侧切刃切出土垡的侧面。这种刀片的刀身宽，刚性好，十分适合在土质坚硬的干旱地块作业，但是要尽量避免挂草。为了避免旋耕作业过程中出现漏耕和堵塞现象，保证旋耕刀均匀地受力，一般来说刀坐都是按照一定的规律交错地焊接到刀轴上的。在为旋耕机安装弯刀的时候，一定要按照一定的规律和顺序进行，注意刀轴旋转方向，避免装反和装错。弯刀的常见安装方法有以下三种：

1. **向外安装法** 向外安装法适合破垄耕作，安装时除了两端的刀齿的刀尖向内，其余的都向外，耕作后土壤的中部向下凹陷。

2. **向内安装法** 向内安装法适合有沟的田间耕作，安装时所有刀齿的刀尖都对称向内，耕作后地表的中部凸起。

3. **混合安装法** 混合安装法耕作后地表十分平整，适合对耕后地表有要求的田块耕作。安装时两端刀齿的刀尖向内，其余的刀尖内外交错排列。

三、旋耕机使用与调整

在使用之前对旋耕机进行合理的调整，对于保证旋耕作业的质量，具有十分重要的作用。

(一) 旋耕机的使用

开始耕作的时候，要先使旋耕机处于提升状态，供给足够的动力，使刀轴转速增加到额定的速率，然后慢慢地下降旋耕机，使刀片逐渐入土到所需的深度。一定不要在刀片入土后急剧下降旋耕机，防止造成刀片折断和弯曲，或者加重拖拉机的负荷。

耕作过程中，要尽可能地低速慢行，这样既可以保证土块达到规定的细碎程度，又可以有效减轻对机件的磨损。在操作时，还要随时注意倾听旋耕机是否有杂音或者金属敲击的声音，并注意观察田地的耕深和碎土情况，发现异常情况就立即停下检查，防止对机械的损坏。地头转弯的时候禁止作业，要将旋耕机升起，让刀片离开地面，减小拖拉机的油门，避免对刀片的损坏。提升旋耕机时，要注意保持合适的速度和角度，防止产生较大的冲击噪声，导致机器损坏。

在过田埂、倒车和转移地块的时候，就要把旋耕机提高到合适的位置，并且关闭动力装置，防止机件的损坏。如果要向较远的地块转移，就要用锁定装置进行固定。每次使用旋耕机作业完毕后，都要对旋耕机进行保养。清除刀片上残留的泥土和缠绕的杂草，向机件的转动部位加注润滑油，检查各个部件的连接和固定情况。

（二）旋耕机的调整

1. **左右水平调整** 将装运旋耕机的拖拉机停放在平坦的地面上，然后下降旋耕机，使它的刀片保持在距离地面 5 厘米的位置，然后观察旋耕机的左右刀尖与地面的高度，保证旋耕作业时刀轴的水平一致，旋耕的深度均匀。

2. **前后水平调整** 在旋耕机下降到需要的耕深时，观察旋耕机和万向节的夹角大小，如果夹角过大，可以适当调整上拉杆，保证旋耕机处在水平位置。

3. **提升高度调整** 在旋耕操作中，要求万向节的夹角要小于10°，在地头转弯的时候也要小于30°，如果要对夹角进行调节时，要根据旋耕机的不同而采用不同的调节方法。使用位调节法控制耕

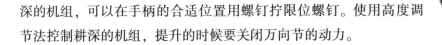

深的机组，可以在手柄的合适位置用螺钉拧限位螺钉。使用高度调节法控制耕深的机组，提升的时候要关闭万向节的动力。

（三）旋耕机常见故障

1. 在旋耕作业过程中出现拖拉机打滑或冒黑烟的现象 出现上述状况一般是由于旋耕机的负荷过重造成的。一般导致旋耕机负荷过重的情况很多，包括土壤过硬、黏度过大，或旋耕深度过深等。解决的办法是调低挡位、减小耕幅或降低耕深。

2. 旋耕机在作业过程中出现抖动和跳动现象 这种现象的发生一般是由于土壤的质地过于坚硬或者没有按照说明书的具体要求来安装旋耕机引起的。发现这种状况的时候，就要立刻停下机器进行检查，如果是由于土壤过硬造成的，就要适当增加机组的作业次数或降低机组的前进速度；如果是由于安装不正确导致的，就要重新安装刀片。

3. 旋耕机作业质量问题 旋耕机在作业的时候有时候会间断地出现大块的土坷垃或大土块，出现这种情况时要视具体情况进行针对性处理。出现成条的大土块一般是由于机械手操作不当引起的，

当相邻的作业区间衔接不良时，就会出现轻微的漏耕现象，这时要告诫驾驶员，作业的时候要保证5~10厘米的衔接区，防止漏耕。旋耕机间断地抛出大块的土坷垃大多是由于旋耕机的刀片丢失、折断、弯曲变形或严重磨损导致的，这时要看具体的情况进行适度矫正、

焊接或者更换新的刀片。

4. 旋耕后地面出现凹凸不平的现象　旋耕后地面凹凸不平现象的出现是由于旋耕刀轴的转速与机组的前进速度不协调造成的，一般此时应降低挡位作业，如果之后旋耕质量仍没有好转，就要继续停机查看，找出原因。

5. 齿轮箱内有杂音　当发现齿轮箱内出现杂音的时候，应该主要从以下几个方面来检查：伞形齿轮的间隙调整是否得当；轴承是否损坏；齿轮有无"掉牙"现象；齿轮箱内是否有异物存在等。然后根据具体的情况进行排除。

6. 旋耕机的刀轴在作业时忽然出现停止转动或转动不良现象

这种情况的出现，很可能是由以下因素导致的，主要包括：刀轴侧板变形、轴承碎裂咬死、刀缠草堵泥严重、轮箱内齿轮损坏而咬死、刀轴弯曲变形或因齿轮、轴承损坏引起伞齿轮无齿侧间隙等。查明原因后，要根据实际情况，及时排除故障，保证机器的正常运转。

7. 旋耕机在作业过程中听到敲击或金属的撞击声　这种情况一般是由以下原因引起的：第一，用来固定螺丝的刀片发生松动；第二，用来传动的链条和箱体发生碰撞；第三，旋耕刀轴两边的刀片和传动箱体或支臂变形后发生相互碰撞。具体的排除措施包括：矫正或者更换新的零部件，固定并拧紧螺丝；发现齿轮箱漏油后及时更换损坏或者发生老化的油封和纸垫，修复或者更换新的箱体；拖板的链条断裂一般是由于运输过程中没有上升到预定的高度或链条不够紧引起的，要及时对链条进行修复。

四、旋耕机使用时注意事项

旋耕机在使用的时候几乎每个工作部件都在高速旋转，旋耕机各种故障的发生都与此相关。为了减少工作中的机械故障，在使用旋耕机时就要特别注意以下几点：

①在使用旋耕机之前要对各个部件进行检查，重点是对万向节锁、旋耕刀和固定螺栓的检查，确定机械没有问题后才可以正常使用。

②在启动拖拉机之前，要将旋耕机的离合器手柄拨到分离位置。

③要首先在旋耕机提升的状态下结合动力，等到旋耕机达到规定的转速后，机组才可以起步，这时要缓慢降下旋耕机，使其入土。禁止在旋耕机入土的情况下直接起步，防止旋耕刀具和相关组件的破损。另外，旋耕刀下降要慢，入土后不要倒退和转弯。

④地头转弯时如果没有切断动力，就不可以将旋耕机提升到过高的高度，保持万向节两端的转角不超过30°，同时尽可能降低发动机的转动速度。如果要转移到较远的地块，或者要远距离运输的时候，就要切断旋耕机的动力，并将其提升到最高位置，锁定。

⑤由于旋耕机在工作的时候是高速转动的，所以它的附近不能有人，防止机械损伤或者发生故障时伤人。

⑥机械故障检查旋耕机的时候，一定要保证已经切断了机器的动力，防止事故伤人。对旋耕机的刀片等零部件进行更换的时候，一定要保证熄灭了拖拉机的火。

⑦一般来说，旋耕作业的速度不宜太快，避免拖拉机超负荷运转对动力输出轴的损坏。旱地作业的速度相对较慢，一般为每小时2~3千米，已经耙过或者耕翻过的田地的速度稍快，可以每小时达到5~7千米，水田作业时的速度可以适当加快，但是也不宜过快。

⑧旋耕作业的时候，要注意使拖拉机的轮子走在没有耕作过的土地上，避免经过的时候压实土地。可以预先调节拖拉机的轮距，使拖拉机的轮子处在旋耕机的工作幅宽范围内。耕作的时候也要注意拖拉机的行走方式，防止另一个轮子压实土地。

⑨旋耕作业的过程中，如果发现刀具上缠绕了过量的杂草，就要及时地进行清理，防止加重机械作业负担。

⑩旋耕作业过程中，拖拉机和悬挂部分都不可以搭乘人，防止机械故障时对人的伤害。

第三节　玉米联合收获机

玉米的收获不同于小麦等作物，在收获的时候一般需要把果穗从秸秆上摘下，剥掉苞叶，然后脱出籽粒。收获之后对玉米秸秆的处理方式也很多样，可以将其切碎散开，等到翻耕的时候压入土中；可以切断后铺在田地里，然后再集堆；也可以在收获果穗的时候将秸秆切断，装车，然后运回青贮处理。

一、玉米联合收获机的机型

按照摘穗装置的配置方式划分，我国目前研发的玉米联合收获机可以分为两种，一种是立式摘穗辊机型，一种是卧式摘穗辊机型。根据动力挂接方式的不同，又可以进一步分为牵引式、背负式、自走式机型和玉米专用割台。

1. **牵引式** 牵引式玉米收获机主要是通过拖拉机的牵引进行作业，拖拉机牵引收获机，然后再牵引果穗收集车，这种配置在行走和转弯的时候都很不方便，适合在大型农场使用。

2. **背负式玉米联合收获机** 背负式玉米联合收获机一般都要与拖拉机配合使用，可以提高拖拉机的利用率，降低机具的价格，但是配套使用的特点也降低了收获机的作业效率。目前这种类型的收获机已经出现了单行、双行、三行产品，分别与小四轮和大中型拖拉机配套使用。这种收获机与拖拉机的安装位置也各不相同，因此可以分为正置式和侧置式，此种收获机不需要开作业工艺道。

3. **自走式玉米联合收获机** 自走式玉米联合收获机可以分为三行和四行两种，具有作业效率高、质量优、使用和保养方便等优点，但是用途比较单一，限制了其使用范围。国内目前使用较多的是摘穗板—拉径辊—拨禾链组合摘穗机构，常见的秸秆粉碎机构有粉碎型和青贮型两种。

4. **玉米割台** 玉米割台又称为玉米摘穗台，这种装置一般和麦稻联合收获机配套作业，它不仅价格低廉，而且可以大大地扩展麦稻联合收获机的功能。但是遗憾的是它目前尚不具备果穗收集功能，只能把果穗铺放在地面上。

二、玉米联合收获机各种机型结构和工作过程

（一）纵卧辊式玉米联合收获机的结构和工作过程

国产 4YW-2 型是纵卧辊式玉米联合收获机的典型代表，它由东方红-802 型拖拉机牵引，由拖拉机的动力输出轴供给动力，每次收

获两行，可以一次性完成摘穗、剥皮和秸秆粉碎等作业过程。这种收获机的摘穗方式为站秆摘穗，摘穗的时候并不把玉米的植株割倒，而是基部仍有 1 米左右的高度站立在田间。

在收获的过程中，机器顺着垄的方向前进，先由分禾器把玉米秸秆扶正，然后引向拨禾器，拨禾器的链分三层并单排配置，又将秸秆引向摘穗器。摘穗器的摘穗辊一般都纵向倾斜配置，两辊在回转的过程中将秸秆引向摘辊间隙使其被摘掉。果穗在摘掉后便被引向第一升运器，升运后落入剥皮装置进行剥皮操作。如果果穗中含有被拉断的秸秆，就会从上部的除秸器被排出。剥皮装置一般是由倾斜配置的叶轮式压送器和剥皮辊组成的，剥皮时剥皮辊相对向内侧回转，将苞叶和果穗咬住并撕开，然后自两个辊的空隙漏下，苞叶则被苞叶输送螺旋推向机子的另外一侧。而苞叶中夹杂的少许籽粒，也不会被浪费，而是通过螺旋底壳（筛状）的孔漏下，由回收螺旋落入第二升运器。经过摘穗辊碾压后的秸秆，上半部分大多数已经被折断或者撕裂，之后基部的 1 米高度仍然在田间站立。有的收获机的后部还配置有横置的甩刀式切碎器，可以将残余的秸秆切碎后抛在田地里。还有的收获机带有脱粒机和粮箱等部件，如果田间的玉米成熟程度好而且植株高度较为一致，就可以卸下剥皮装置和第二升运器，改装脱粒器和粮箱，直接收获玉米的籽粒。

（二）立辊式玉米联合收获机的结构和工作过程

国产 4YL-2 型是立辊式玉米联合收获机的典型，它也是由东方红-802 型拖拉机牵引，由拖拉机的输出轴供给部件动力。这种收获机一次收获两行，也可以一次性完成收割、摘穗、剥皮和秸秆处理等作业。立辊式玉米联合收获机的摘穗方式为割秆后摘穗。工作过程中，机器顺行前进，分禾器从植株的根部把它扶正并引向拨禾链。拨禾链将整秆推向切割器，从根部将玉米秆扶正并引向切割器。秸

秆切割之后，在拨禾器和切割器的配合作用下被送到喂入链，在秸秆整体向摘穗器输送的过程中，秸秆的根部被摘穗器抓住，摘穗器的前辊摘穗，后辊拉引秸秆，果穗就成功地被摘取下来，并落入第一升运器中，运输到剥皮装置中，而秸秆却落在放铺台上，被链条间断后撒入田间。

立辊式玉米联合收获机的剥皮装置和纵卧辊式机型基本相同，果穗在这个位置剥去苞叶，苞叶由苞叶输送螺旋推到机外，而苞叶中残留的部分籽粒，则从螺旋底壳漏下，转移到第二升运器。而此时剥去苞叶的果穗也已经到达第二升运器，它们一起被运到拖车上。收获完毕之后如果还要进行秸秆粉碎，可以换装切碎器，把整个的秸秆切碎后抛到田间。

如果在各自的适宜环境条件下工作，两种类型的玉米联合收获机的工作性能基本接近，平均的摘穗损失率为2%～3%，落粒损失率低于2%，籽粒破损率为7%～10%，苞叶剥净率高于80%，总体损失率为4%～5%。但是两种机械的适应环境条件不同，如果田地作业环境不理想，那么就要根据各自的特点采用适宜的方法。通常来说纵玉米联合收获机对植株较密、田地较为潮湿的环境适应性更好，而立辊式玉米联合收获机则更为适应接穗部位较低的果穗收割，损失相对较少。另外，只有立辊式机型可以放铺秸秆，而卧辊式则不可以。

（三）玉米籽粒联合收获机的结构和工作过程

我国目前应用广泛的玉米籽粒收获机又称为玉米专用割台或玉米摘穗台，这种机器一般都配置在谷物联合收获机上进行工作，工作的时候摘穗台先摘下玉米果穗，然后转到谷物联合收获机上进行脱粒、分离、清粮操作。这种装置的出现简化了玉米收获机的工作机构，提高了工作效率，获得了更好的经济效益，适应了玉米收割机械化的发展趋势。玉米摘穗台的样式多样，一般常见的有切秸式、摘穗板式、摘穗切秸式等，现就使用最广泛的摘穗式摘穗台来进行介绍。

玉米摘穗台在工作的时候，首先是分禾器将秸秆从根部扶正，引向拨禾链，经由拨禾链输送到摘穗板和拉秸辊的间隙中。拉秸辊将秸秆向下拉引，设在拉秸辊上方的两块摘穗板就摘落果穗。摘落的果穗被带向果穗螺旋推运器，最后输送到谷物收获机的脱粒装置。在用摘穗台和谷物联合收获机一起收获玉米的时候，应该对机械的分离、脱粒、清粮等装置进行适当的调整，使其符合具体收获的要求。至于每次收获多少行，则由收获机的具体参数决定。

第四节 切流式谷物收获机械

切流式谷物收获机械属于自走式全喂式谷物联合收获机，它主要用来收获小麦，也可以收获大豆和水稻，并且它附带有拾捡装置，所以既可以用于联合收获，也可以进行拾捡式分段收获。这种收获机的典型代表是 JL1065 型谷物联合收获机。

一、总体结构

这种联合收获机的结构相对简单，一般都是由倾斜输送器、割台、脱粒部分、传动和行走部分、发动机、操纵驾驶系统、液压和电器装置等组成。

二、工作过程

在工作的时候，作物的植株首先在拨禾器的作用下，经过切割器进行切割，然后被铺放在收割台上。收割台上的推送装置把作物从两边向割台的中间部分集中，将作物输送到倾斜的输送器。如果秸秆中有坚硬的物质或者石块等杂质，就会被迫落到设置在滚筒前部的集石槽内。而不含杂质的作物就被输送到脱粒装置，在凹板和纹杆式滚筒的作用下开始脱粒。脱粒之后，大多数的脱出物会经过凹板栅格孔降落到阶梯抖动板上。而秸秆却在逐秆轮的作用下被抛送到键式逐秆器上，经键式逐秆器和横向抖草器弹齿的翻动，把秸秆中夹杂的谷粒进行分离，经过键箱底部又回到抖动板上，而长秸秆却被排出机器。抖动板上的谷粒还要经过一系列的操作和加工，脱出物一边向后移动，一边使其中的碎秸秆和颖壳浮在上层，而谷粒则沉到底部。再通过清粮筛的时候，大部分的颖壳和碎秸秆被风扇吹出机器外部，而没有脱干净的谷穗可以再次返回到脱离装置进行二次脱粒。

三、捡拾器

捡拾器是谷物联合收获机的一种附件，一般只用于分段联合收获的时候。当小麦处于蜡熟时期时，就可以用割晒机收割小麦，然后成条地铺放在田地里进行晾晒，3~5天后，把经过晾晒的小麦从田地里捡拾到收割台中，然后经由倾斜的输送装置进入脱离装置。采用分段联合收获方式，不仅可以大大提前小麦的收获期，而且可以同时提高生产效率和质量，使用较为广泛。

生产中常用的捡拾器一般都是弹指滚筒式，滚筒体的端部固定有两个辐板，然后在辐板的孔内穿着4根管轴，固定4排弹指，并且在一端固定着带滚轮的曲柄，另一边装有侧壁，以及半圆形的滚道盘。当主轴开始转动的时候，连接的管轴就可以随着主轴一起转动，使滚轮和曲柄在滚道盘内运动，促使弹指在滚筒壳体的下方和上方来回伸缩，完成捡拾谷物的运动。

四、收获作业质量的检查及工作部件的调整

为了提高机器的作业质量、劳动效率，在进行机械作业之前一般都要进行检查，使机器处在适宜的工作水平，常见的检查一般包括以下几个方面。

（一）割茬高度

割茬高度可以通过对田地里代表性的点的茬高度来得到，一般要求割茬的高度控制在15厘米以下，生产上一般要求尽可能地降低割茬的高度。如果需要进行调整，可以调整收割台仿形托板的位置。

（二）收割台掉穗落粒损失

掉穗和落粒损失需要在田地里进行计算，一般都是在收割后的田地里取1平方米的面积，然后测量这1平方米收获的总粒数，以及掉穗落粒数或重量，这两者的百分比就是这块地的掉穗落粒损失

率。通常来说，这个比例要低于1%，如果测量后比例过高，则可以通过更换更加锋利的割刀或者调整拨禾轮的位置和转速来解决。

(三) 脱粒装置的脱净率和收获小麦的脱净率

一般来说，脱粒装置的脱净率和收获小麦的脱净率应该都高于99%，而相应的破碎率应该低于1.5%，如果发现没有达到标准要求，就要及时对机器进行调整。比如可以改变机器的前进速度，或者对滚筒的间隙和转速进行调整。另外，并不是所有地块在收获的时候都可以达到较高的脱净率，如果田地里比较潮湿、杂草丛生，或者谷物自身的成熟度不同，都会降低谷物的脱净率。

(四) 分离装置的损失

由于分离装置抛出的秸秆中一般都含有籽粒或者没有脱干净的穗头，这些就是分离装置的损失。为了尽可能地降低分离装置的损失，提高收获效率，可以适当地提高滚筒的转速，减小滚筒间的缝隙，减少喂入量，降低机器前进速度，或者调整挡帘的位置。

(五) 清粮装置的损失

清粮装置出现损失，主要是由于风向调整不当、风机和筛子的风量不当而导致的丢失籽粒或者籽粒清选不净现象。减少清粮装置的损失，主要通过调整筛孔的大小，尾部筛子的位置，以及调整风机的风向和风量等方法来解决。另外，如果推送器的壳体和螺旋之间的间隙不当，也会在一定程度上导致碎粒的出现。